你好，数学

Cool Maths

[英] 特蕾西·杨 / 著
Tracie Young

杨大地 / 译

$$)\times 2 + (5 \cdot 5)\times 2$$
$$= (8\times 2) + 11\times 2)$$
$$= 16 + 22 = 38 \, m^2$$

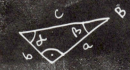

重庆大学出版社

目录 CONTENTS

数学的本质不是把简单的事情变得复杂，
而是让复杂的事情变得简单。

——斯坦·古德，美国数学家

前　言

阅读、写作和算术是教育体系的三大支柱，但它们总是给人有点枯燥的印象。近年来，J.K. 罗琳女士通过自己的努力，让阅读和写作变得更酷、更有趣，甚至激发了许多年轻人尝试写作，这真是一件好事。但是，那同病相怜的老学科"算术"又该怎么办呢？

需要说明的是，现在很少有人还称它为"算术"，很多人称它为"数学"（mathematics），因为算术只是数学中最朴素和最简单的一部分——美国人亲切地称它为"玛斯"（math）。

好吧，对于那些不喜欢数学的人来说，它可能是简单而平庸的，但对愿意理解它的人来说，数学却是一个在数字、公式、理论和方程中呈现出魔法和奇迹的世界。它可以给平凡的世界带来崭新的、令人激动的生命活力，并使周围平淡无奇的事物产生出一种看似不可能的无穷乐趣。

是的，你刚才在上一段话里同时读到了"数学"和"乐趣"两个词，这是怎么回事呢？这两个词真的能同时出现吗？且慢慢往下看。

数学不仅仅是 2+2=4。数学可以帮助你预测看似随机的，甚至不太可能的事件的结果。数学可以让你不需要测量就知道大本钟有多高，还可以让你做不可能的事情，它能超越你所有的期望。数学无处不在，它存在于我们所看到的、感觉到的、所知道的和所做的一切之中。数学的种类繁多，有几何学、三角学、微积分、概率论等，正是对这些数学知识的理解使人类能在月球上行走，把机器人送上火星，让科学技术在地球上大展神通，而且最重要的是，数学计算和分析的过程——能让你的大脑带着你遨游世界。

把你的疑虑留在门口，一头扎进迷人的数学世界里去吧。

数学发展时间线

大约公元前 3 万年，在今天的中欧和法国地区，旧石器时代的人们通过在动物骨头上刻痕来记数。

公元前 1950—前 1750 年，古巴比伦（今伊拉克）人已懂得一次方程和二次方程、乘法表、平方根和立方根。

公元前 575 年，古希腊数学家泰勒斯将古巴比伦的几何学等数学知识带到了古希腊。

公元前 500 年，毕达哥拉斯和他的毕达哥拉斯学派，研究了无理数、黄金比例和三角形的性质，并提出和证明了毕达哥拉斯定理。

大约公元前 450 年，古希腊人开始使用希腊字母来表示数字。

大约公元前 300 年，欧几里得发表了著作《几何原本》，系统地研究了几何学。

约公元前 240 年，阿基米德发表了他的数学研究成果，包括阿基米德螺线。

公元前 200 年，埃拉托色尼发明了分离素数的"筛法"。

263 年，中国的刘徽使用 192 边的圆内接正多边形，计算出 π 的近似值为 3.14159，精确到了十进制小数的后五位。

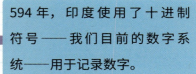

594 年，印度使用了十进制符号——我们目前的数字系统——用于记录数字。

大约 980 年，法国学者热尔贝（即后来的教皇塞尔维斯特二世）将古希腊算盘重新引入欧洲。

1150 年，意大利数学家，克雷莫纳的杰拉德翻译了托勒密的《天文学大成》，阿拉伯数字被引入了欧洲。

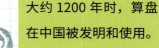

大约 1200 年时，算盘在中国被发明和使用。

1202 年，意大利数学家斐波那契出版了《计算书》，在其中提出了斐波那契数列。

1494 年，意大利数学家卢卡·帕乔利出版了《数学大全》，这是对当时已知的所有数学知识的总结。

1514 年，荷兰数学家吉尔·范德·赫克使用了"+"和"−"符号。

1557 年，英国医生兼数学家罗伯特·雷科德出版了《砺智石》一书，将"="引入数学。

1591 年，法国人弗朗索瓦·韦达用字母作为代表已知和未知数量的符号。笛卡尔后来用字母"x"和"y"来表示未知数。

1615 年，德国数学家约翰尼斯·开普勒发表了关于微积分早期使用的著作。

1626 年，法国数学家阿尔伯特·吉拉德出版了一本关于三角学的著作，其中包含了第一次使用的缩写符号 sin、cos 和 tan。

1665年，英国数学家艾萨克·牛顿发现了二项式定理，并开始研究微分学。

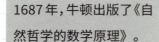

1687年，牛顿出版了《自然哲学的数学原理》。

1794 年，法国人阿德利昂·玛利·埃·勒让德出版了《几何学原理》，作为主要的几何教科书使用了近百年。

1799 年，法国开始使用公制单位系统。

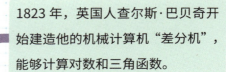

1823 年，英国人查尔斯·巴贝奇开始建造他的机械计算机"差分机"，能够计算对数和三角函数。

1879 年，英国数学家阿尔弗雷德布雷·肯普发表了他对四色定理的证明，但后来被发现该证明有错误。

1976 年，美国人肯尼斯·阿佩尔和沃尔夫冈·哈肯证明了肯普的四色猜想是正确的。

1994 年，英国数学家安德鲁·约翰·怀尔斯证明了费马大定理。

2003 年，俄罗斯的格里戈里·佩雷尔曼证明了由亨利·庞加莱首次提出的关于三维空间的"庞加莱猜想"。

让乘法变得更容易

你知道，总是有人拥有一些小窍门，就像有人知道更换火花塞的好方法，或者有人能将坏了的洗衣机很快重新启动。乘法也不例外，这里也有一些小窍门，让你在计算时更容易。

乘以 9

乘以 10 很简单：你只需在数字末尾加上一个 0。要是乘以 9 有这么容易就好了，其实这是办得到的。下面是一个将 1 到 10 的数字乘以 9 的超级计算技巧。

让我们来试试看！

双手放在你的前面，手心向外，手指伸出。

从左边开始，你想用哪个数字乘以 9，就将那个手指向下弯曲。比如，如果你想算 4 × 9，就弯曲你左手的食指（第 4 个手指）。左边有 3 个手指，右边有 6 个手指。

弯下的手指左边的看成十位数，右边的看成个位数。

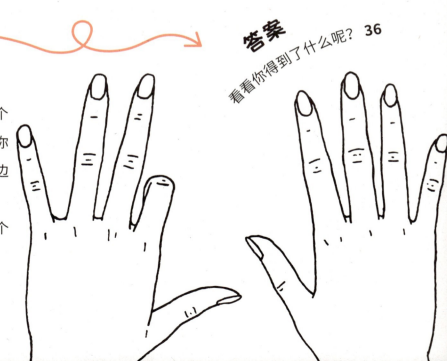

答案
看看你得到了什么呢？ 36

4

乘以 11

让我们来试试看!

通常认为计算一个数乘以 11 很难;其实它很简单,因为 11 只比 10 多 1,下面这个小窍门会很有用。

如果你想用一个两位数乘以 11,就把这个两位数的十位和个位上的数字加在一起,然后把它放在这个两位数的中间。

如果两个数字加起来超过 9,就把其和的十位数字 1 加到结果的百位数字上,然后把剩下的数字放在它们中间。

比如:11 x 45 可写成:4 (4+5) 5
=495

又如:11 x 29 可写成:2 (2+9) 9 = 2 (11) 9
=319

你知道吗?

当英国人托马斯·奥斯汀来到澳大利亚东南部的维多利亚州时,他发现自己无法捕猎兔子——因为那里根本就没有这种动物。

于是在 1859 年,他把 12 对兔子带到了当地,就这样,兔子的自然繁殖开始了。很快维多利亚州就有了太多的兔子,每年杀死 200 万只兔子都无法阻止兔子种群的增长。这些兔子破坏了当地各种植物的正常生长,改变了整个澳大利亚的生态系统。

二项式在微笑

代数中的多项式乘法似乎有些令人生畏，但通过使用简单的"F-O-I-L"助记口诀，你可以轻松解决这个问题……还可以创造出一个向着你微笑的二项式人脸！

让我们来试试看！

在代数中，二项式是由两个项组成的表达式——中间用加号或减号分开。两个二项式相乘所得的表达式类似于数字的乘法。英文首字母缩写为"F-O-I-L"（F = First，O = Outside，I = Inside， L = Last；中文为：首—外—内—末），用来记住一组规则，可以帮助你计算二项式乘法。

请看右边插图中的机器人头部，当你计算这些项的乘积时，按：F-O-I-L，即：首—外—内—末的规则，画一些弧线把它们连接起来——你看，它真的是在微笑哟！

当你画出了二项式人脸，你就完成了所有的乘法工作。下面你所需要做的就是把同类项合并起来，然后你就完成任务了！

F = 首项 ⟶ O = 外项 ⟶ I = 内项 ⟶ L = 末项

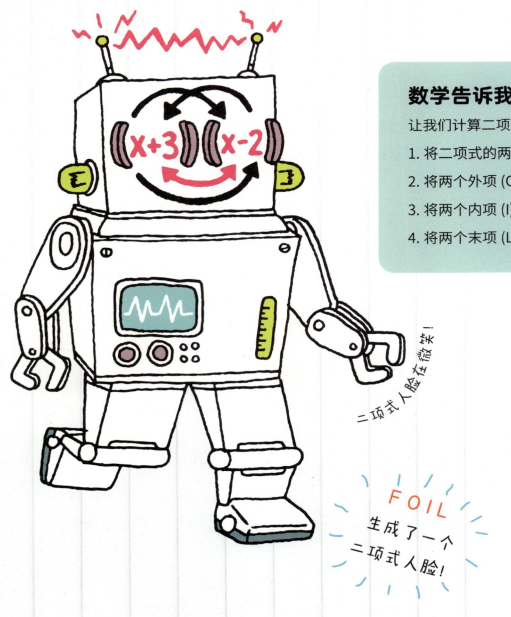

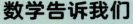

二项式人脸在微笑！

FOIL
生成了一个
二项式人脸！

数学告诉我们

让我们计算二项式乘积 $(x+3)(x-2)$。

1. 将二项式的两个首项 (F) 相乘：$x \times x = x^2$

2. 将两个外项 (O) 相乘：$x \times (-2) = -2x$

3. 将两个内项 (I) 相乘：$3 \times x = 3x$

4. 将两个末项 (L) 相乘：$3 \times (-2) = -6$

答案

按"F-O-I-L"的顺序列出结果：

　F（首项积）：$x \times x = x^2$

　O（外项积）：$x \times (-2) = -2x$

　I（内项积）：$3 \times x = 3x$

　L（末项积）：$3 \times (-2) = -6$

然后合并同类项，答案就出来了：

$$x^2 - 2x + 3x - 6$$

$$x^2 + x - 6$$

多位数相乘

你已经掌握了把数字乘以 1 到 11 的技巧，当乘数更大时又该怎么做呢？嗯，这也有一个诀窍。有了这个方便的公式，你就可以开始练习两位数的乘法，很快你就能在你的头脑中完成这一切了。

让我们来试试看！

$ab \times cd$ 的神奇公式是：$(a \times c), (a \times d)+(b \times c), (b \times d)$。

给字母 "a" "b" "c" 和 "d" 排好顺序。

现在，我们试一下计算 12×23。

步骤 1：$a \times c$

$a(1) \times c(2)$，我们得到：$1 \times 2=2$。

步骤 2：$(a \times d)+(b \times c)$

$a(1) \times d(3)+b(2) \times c(2)$，我们得到：$3+4=7$。

步骤 3：$b \times d$

$b(2) \times d(3)$，我们得到：$2 \times 3=6$。

数学告诉我们

这个公式的原理见下面表格，只是公式中没有加上表示位数的零。各个数字代表的位数与它们的书写顺序相同。

x	10	2	
20	200	40	240
3	30	6	+ 36
			276

比如 200 写成 2，但是它是百位数上的 2。以上快速公式所有步骤都简明而正确，所以你只要在你的脑子里心算即可。

你知道吗？

泽拉·科尔本出生于1804 年，是美国佛蒙特州一位农民的儿子。8 岁时，他在英国展示了他的数学才能，一名观众要求他计算出 8 的 16 次幂方（8^{16}）。他在大约 30 秒内便给出了正确的答案 281 474 976 710 656，让观众震惊不已。遗憾的是，泽拉令人难以置信的计算能力随着年龄的增长而减弱。

把数字代入公式中，我们得到 2、7 和 6，写成十进数字就是 276。如果某一个数字是 10 或大于 10，那就要将十位数上的数字从右向左进位。

比如：18×19

$a \times c$	$(a \times d) + (b \times c)$	$b \times d$
1	$9 + 8 = 17$	$8 \times 9 = 72$
1 + 2(即中间列的 24 中的 2) = 3	17 + 7 (即右边列的 72 中的 7) = 24	2

这样就得到答案：342

三角形树

三角形的数学，也被称为三角学。学会了这种方法，你不用亲自拿着卷尺爬到树上去，就可以算出一棵树的高度。一旦你知道了如何应用这种神奇的数学技巧去计算树的高度，这种方法就不限于计算树高，而可以推广应用于计算你看到的所有事物的高度。

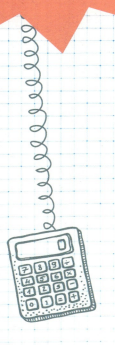

让我们来试试看！

你站在树下面，数着步伐往外走。当你走到 25 步远时（姑且让我们算作 25 米）转身坐在地上。把你的手臂对准树的顶部，估计一下你手臂的张开角度。

假设它是 50°（垂直向上是 90°，平行于地面是 0°）。

这样做，你就创建了一个直角三角形。你如果知道其中一个边的长度和一个角的大小，就可以计算出树的高度来。

现在我们知道一个角度，还知道这个角的邻边长度，想要计算对边的长度，这时需要的公式是：

正切 50° = 对边 / 邻边 = 对边 /25m

现在大多数智能手机都有科学计算器。如果你有手机，不难查出正切 50°的数值。在手机上输入 50，然后按下"TAN"按钮，计算器就会给出 1.19 的结果。让我们把它代入公式中。

1.19 = 对边 /25m

对边 = 1.19 x 25m = 29.75m

答案 ▶ 这棵树的高度是 29.75m。

数学告诉我们

为了计算不同的三角形测量值，有 3 个有用的公式：

Sin（正弦）= 对边 / 斜边

Cos（余弦）= 邻边 / 斜边

Tan（正切）= 对边 / 邻边

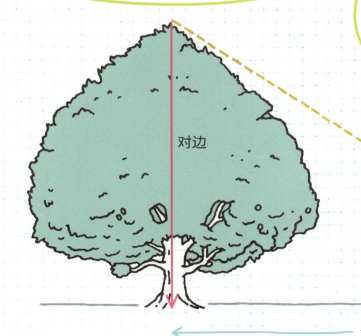

对边

斜边

50°

0°

邻边

宝贝，外面很冷吗？

假如你和家人决定出国旅行，那带好适合当地温度的换洗衣服可是一件重要的事情。但你也许会遇到一个小问题，那就是当地可能使用的是华氏温度计量法，这种计量法和我们常用的摄氏温度很不一样。怎样才能得到准确的温度，带好旅行所需的衣物呢？跟着下面的方法做一个快速的换算吧！

让我们来试试看！

那么，如何将摄氏度转换为华氏度呢？例如，将24摄氏度转换成华氏度是多少呢？

步骤 1：

将摄氏度乘以 1.8：

$24 \times 1.8 = 43.2$

或者除以 5，再乘以 9：

$24 \div 5 = 4.8$，

$4.8 \times 9 = 43.2$

步骤 2：

将步骤 1 的答案加上 32。

$43.2 + 32 = 75.2$

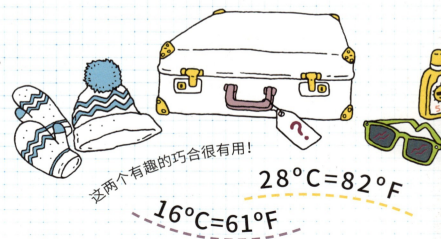

这两个有趣的巧合很有用！

$28°C = 82°F$

$16°C = 61°F$

你知道吗?

1913 年 7 月 10 日,在美国加利福尼亚州的死亡谷,测得地球上的最高气温是 56.7℃(134 °F)。以前,地球上的最高气温被认为是 1922 年在利比亚的阿兹齐亚记录到的 58℃(136.4 °F),但这个数据存在争议,没得到世界气象组织的认可。

答案 → 24℃ =75.2°F

如果要反向转换(将华氏度转换为摄氏度),则应先减掉 32,然后除以 1.8(如果你想快速得到一个近似值,你可以用除以 2 来代替除以 1.8)。或者先减去 32,再除以 9,再乘以 5。

数学告诉我们

华氏温度是由德国物理学家丹尼尔·加布里埃尔·华伦海特(他也发明了水银温度计)在 1724 年提出的,它的零点是基于某种盐水的冰点。而在 1742 年提出的摄氏温度则是以水的冰点和沸点为基础。

尽管科学家们修改过摄氏温度的定义,但它仍然是公制的温度标度,并且其标度的间隔与国际单位制中的温度测量标准开尔文温度的标度相一致。由于摄氏计量法和华氏计量法的测量基础和原理完全不同,所以摄氏温度和华氏温度之间没有相关性,唯一的巧合就是−40℃和−40 °F所代表的物理意义恰好相同——仅限于−40 时!

是谁挡住了光线？

太阳系中的每颗行星都围绕太阳运行，相应地，大多数行星都有卫星围绕着自己运行。但是当太阳这种巨大的天体在天空中移动时，比它小得多的地球的更小的卫星月球居然能遮挡住太阳并造成日食，这是怎么回事儿呢？

让我们看看是怎么回事儿！

当月球运行到地球和太阳之间，部分或全部遮挡太阳时，就会发生日食。它只发生在月相为新月时，月球阻止了太阳的光线到达地球。事实上，从地球上看，由于月球和太阳会完全重合起来，以至于完全看不见太阳。其实月球自己并不发光，只是依赖由地球反射的一点儿太阳光，所以在日食期间天空变得十分昏暗。太阳完全被月亮覆盖的时间段被称为日全食。

只有太阳的 90% 以上被月球遮挡时才称为日全食，而当月球覆盖99%的太阳时，白天的亮度类似于当地黄昏的水平。

你知道吗?

太阳的直径大约是月球的 400 倍！

你知道吗?

- 日全食的最长持续时间是7分半钟。
- 日全食大约每1年半发生一次。
- 日全食发生时,当地气温通常会下降3 ℃。

◀————— 150 000 000 千米 —————▶ ◀— 375 000 千米 —▶

数学告诉我们

太阳的直径约为 1 391 000 千米,月球的直径约为 3475 千米。如果我们用太阳的直径除以月球的直径,结果大约等于 400。所以,实际上太阳直径大约是月球的 400 倍。

现在让我们来看看距离。地球距离太阳约 150 000 000 千米,而月球距离地球约 375 000 千米。如果我们同样用除法来比较两者的距离,我们就会发现太阳离地球的距离是月球离地球的 400 倍。

结论

因此在地球上看,太阳和月亮的大小几乎一样大,所以月亮可以挡住太阳。

神秘的角度

三角形是你唯一可以用 3 条线段来构成的封闭形状。关于三角形各种奇妙特性的研究大约从公元前 300 年就开始了。

也许这就是全世界的数学老师们都希望我们能够计算出未知的角度的原因，因为我们已经练习了 2300 多年了！

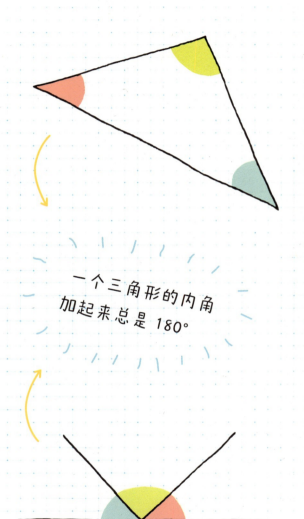

一个三角形的内角加起来总是 180°

让我们来试试看！

你能求出三角形中的未知角吗？

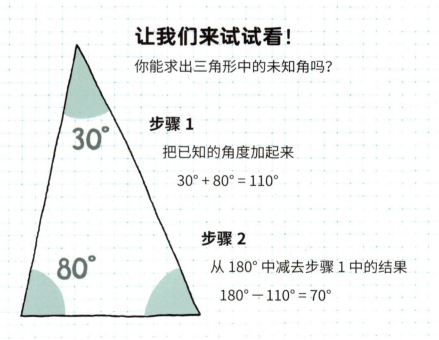

步骤 1

把已知的角度加起来

30° + 80° = 110°

步骤 2

从 180° 中减去步骤 1 中的结果

180° − 110° = 70°

数学告诉我们

一个三角形的内角加起来总是 180°。你自己试试吧！用纸剪出一个三角形，然后撕掉所有的 3 个角。把这些纸片上的角的顶点放在一起，边对边地排列起来，你会看到纸边会形成一条直线，而直线上的角度加起来正是 180°。

有 3 种不同名称的三角形，它们告诉我们三角形有多少个边或角是相等的：可以有 3 个，2 个或没有相等的边或角。

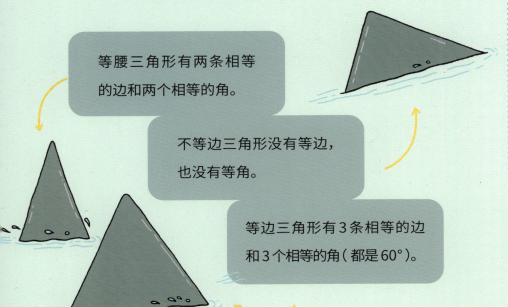

等腰三角形有两条相等的边和两个相等的角。

不等边三角形没有等边，也没有等角。

等边三角形有 3 条相等的边和 3 个相等的角（都是 60°）。

你知道吗？

也许最著名的三角形是百慕大三角，又被称为"魔鬼三角"，这是北大西洋的一个区域，由百慕大、波多黎各和美国佛罗里达州的迈阿密三点连接而成。自 20 世纪初以来，该地区已经出现了许多神秘的飞机和远洋船舶失踪的消息，如 1948 年道格拉斯 DC-3 飞机及其 32 名乘客和机组人员失踪事件，还有 1918 年美国独眼巨人号巨轮及其 309 名船员在离开巴巴多斯岛后失踪的事件。这些是超自然现象？是外星人在捣乱？还是亚特兰蒂斯人的所作所为？或者仅仅是因为恶劣天气和人为的错误呢？别问我，我知道的并不比你更多。

这样，你就求出了三角形未知角度是 70°

同一天庆祝生日的概率

你和你的朋友同一天庆祝生日的可能性有多大？这种概率比你想象的大得多。事实上，"生日问题"的答案表明，哪怕是在足球场上的 22 个球员和 1 名裁判中，有人共享生日的可能性已经相当大了。

让我们来试试看！

在现实世界中，许多事件是不能完全确定的。我们能做的最多就是用概率来说明它们发生的可能性有多大。

抛硬币就是一个明显的例子。

抛硬币时，有两种可能的结果：正面或反面。硬币落下来时，正面或反面朝上的概率是都是二分之一。

现在让我们思考一个更大的问题：参加一场足球比赛的两支球队（两队各 11 人加上 1 名主裁判）中，有人共享生日的概率是多少？

让我们想象一下，首先是裁判独自快步跑到球场上。这时只有一个人。然后主队的队长出现了。这两位先生生日不相同的概率是多少？

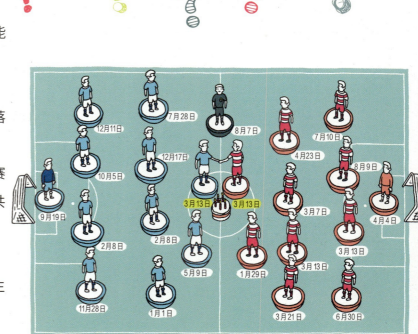

数学告诉我们

如果想要两个人的生日不在同一天，那么不管裁判的生日是哪一天，队长的生日都只可能在剩下的 364 天中的一天。所以他们不是同日出生的概率是：364 / 365，或者用百分比表示，是 99.72%。

接着守门员走了上来，他的生日可能落在其他的 363 天，所以这 3 个人生日不相同的概率需要乘在一起，我们得到的概率是：364 / 365 × 363 / 365= 99.17%。

然后球员们一个个登场，直到 22 名球员和 1 名裁判都出现在球场上。我们用类似前面的方式计算，最后上场的球员与其他人没有同一生日的概率将是 343 / 365。

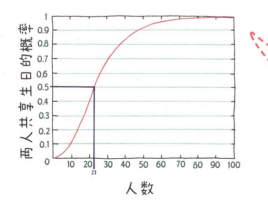

两个人共享生日的概率！

为了让这些热爱数学的球迷们不因为敲计算器而影响比赛观看，我们直接给出答案：球场上没有人共享生日的概率是：

364 / 365 × 363 / 365 × 362 / 365 × ⋯ × 343 / 365=49.27%

根据概率定律，至少有两名球员共享生日的概率是：

100% − 49.27% = 50.73%

真是意想不到的结果！

如何付小费?

世界上，很多地方都有因为餐馆提供了良好的服务而付小费的习俗……但是许多顾客往往不知道如何计算小费的数额。所以，让我们来讨论这个问题！使用下面这个方便的窍门，你可以很快地计算出15%的小费，不至于犯迷糊。

算出账单金额的 15%！

让我们来试试看!

这里有一张 55 元的账单，小费该是多少?

步骤 1

算出总金额的 10%。

用心算就可以做到这一点，只需将小数点往左边移动一位：55.00 元的 10%=5.50 元。

步骤 2

取 10% 除以 2 得到 5%，或者从第一步中取你的答案并减半。

55.00 元的 5% 等于 55.00 元的 10% 除以 2，也就是 2.75元。

步骤 3

将 10% 和 5% 相加得到 15%，就得到你应付的小费的金额。

生活中的百分比：

● 1948 年，只有 2% 的美国家庭有电视；而今天这一比例达到了 95%。

● 在任何一本英文书中，都有 13% 的字符是字母"e"。

● 当你打字时，平均有 56% 的字是用左手打出来的——但如果你只会用一根手指打字，那就别讨论了。

你知道吗?

15%

10%

5%

通常流行的小费费率是多少?

答案

5.50 元 +2.75 元 =8.25 元

数学告诉我们

使用百分比时，可以把总金额看成 100%。

要找到 10%，你需要用 100% 的值除以 10，这可以通过移动一位小数点来实现。

你也可以用总数除以 100，或者把小数点向左移两位来找到 1%。

一旦你有了 10% 和 1%，你就可以计算出总数的任何百分比，比如 27%，62% 或 78%。

雷鸣电闪，太可怕了

我们都经历过在暴风雨中独自回家的可怕时刻。

明亮的闪电照亮了天空，紧接着我们听到了巨大的雷声。这时我们常常会想，雷电离我们有多远？它离我们是越来越近还是越来越远？

真幸运，我们不是还有数学吗？数学可以回答这个问题，同时让我们的思想远离风暴。

让我们来试试看！

你怎么知道雷电离我们有多远？

步骤 1

看到闪电后，数一数需要多长时间（几秒钟）才能听到雷声。

步骤 2

将时间（秒数）除以 3，就得到以千米为单位的距离。OK，闪电出现后开始数秒数，比如数到 10 秒时，雷声响起。

答案

$10 \div 3 \approx 3$（千米）

1 - 2 - 3 - 4 - 5

就像闪电突然亮起，这个难题迎刃而解。我完全不知道，到底是什么东西把我以前的知识和这次成功联系在一起了。

德国数学家卡尔·弗里德里希·高斯
（1777—1855）

为了正确地数出秒数，你需要在每个数字之间加上一点额外的节奏，比如有些人念"Mississippi（密西西比）"，也有些人念"thousand（千）"或"elephant（大象）"。

你知道吗？

罗伊·克利夫兰·沙利文是美国弗吉尼亚州仙纳度国家公园的一名公园管理员。从 1942 年到 1977 年，沙利文在 7 次不同的场合被闪电击中，但他每次都幸存了下来。因此，他被戏谑地称为"引雷人"或"人型避雷针"。

数学告诉我们

你所看到的闪电正以光速移动。光的速度非常快，每秒达到 299 792 千米。而对比起来雷声似乎以蜗牛般的速度行进，因为雷声只有每小时 1236 千米的速度。所以你会看到闪电发生后，雷声有轻微的延迟。如果我们将每小时 1236 千米除以 60，就可以得到声音每分钟移动 21 千米；如果再除以 60，我们得到音速为每秒 0.32 千米，这告诉我们每 3 秒钟雷声大约传播 1 千米。

1236 千米 / 小时 × 1/60 × 1/60 = 0.32 千米 / 秒。

食谱的超级快速换算

你在朋友家，他的妈妈给你做了一顿美味的饭菜，你向她要了甜点的配方，这样你就可以自己回家做了。问题是她给的食谱是供 12 人吃的，你的家庭晚餐只需要 8 人份。于是你有两个选择：1. 加把劲，多吃点，8 人吃下 12 人份；或者 2. 调整配方。

你决定选择 2，毕竟吃多了要长胖，另外借此机会学一下分数也很愉快呢！

让我们来试试看！

步骤 1

确定你需要减少（或增加）配方的份数。

为此，请将你想要的份数作为分子，并将原始配方的份数作为分母，比如这里得到

$$8/12$$

将这个分数化简。你发现分子分母都可以被 4 整除：

$$8 \div 4 = 2$$
$$12 \div 4 = 3$$

所以这时，你想做的是原始配方的 2/3 的分量。

步骤 2

将原始配方中每种食材的体积或重量乘以你的这个分数；可以通过乘以分子，然后除以分母来实现。

答案

如果原始配方上说要 200 克面粉，那么你的配方要用：$200 \times 2/3 = 400/3 \approx 133.333$ 克面粉。

然后完成其他的所有的配料计算。

当然还得注意烹饪时间的变化，因为这里无法提供精确的计算方法！

你知道吗？

事实上——烹饪食物对大脑很有好处。大约 180 万年前，我们的祖先直立人第一次开始使用火烤来烹饪肉类；科学家们认为，这促进了人类社会化，因为人类花在咀嚼食物上的时间更少，从而有更多的机会说话交流。烹饪也意味着早期人类开始品尝并欣赏食物，因为熟食释放出的香味刺激了我们味觉的发展。

哇，真香！

数学告诉我们

分数将一个"整体"分割成部分，而分母表示总数。

例如我点了一个比萨，但当它送到时，发现它被分成了 6 块（6 部分）。这些部分拼在一起组成了一个比萨。分子表示你所需的小块的数量。

在上面的题目中，你想将甜点配方分成 3 个部分（除以 3），然后你需要其中的两个部分（乘以 2）。

烹饪对大脑有益

正面还是背面？

女士们，先生们，来打个赌！

当抛起一枚硬币时，它落下后哪一面朝上？

有了这个简单的技巧，你就很容易明白了。

让我们来试试看！

抛硬币出现正面的可能性有多大？

步骤 1

确定产生预期结果有多少种。

你期望硬币朝上的情况是其中的 1 种。

步骤 2

确定一共会有多少种不同的结果。

共有两种可能的结果（正面和背面）。

步骤 3

事件发生的概率＝期望结果的数目／所有结果的总数。

你知道吗？

有人认为世界上第一枚金币是由吕底亚王国的最后一位君主克罗伊斯（公元前 595 年—前 546 年）发行的。吕底亚是最早生产和使用金银铸币的国家。根据考古学家在阿尔忒弥斯神庙的发现，这些铸币可以追溯到公元前 600 年左右，因此在古希腊和古波斯文化中，克罗伊斯这个名字是有钱人的同义词。直到如今，在很多国家，人们经常还会用"像克罗伊斯一样富有"来形容非常有钱的人。

数学告诉我们

为了找出一个事件发生或不发生的概率，我们可以简单地使用以下公式：

概率 = 期望结果的数目 / 所有结果的总数；
答案可以写成十进制分数或百分比

"期望结果的数目"是问有多少种你想要的结果。例如，如果我想用骰子掷出一个偶数，我就会期望得到2、4或6，所以期望的结果有3个。

"所有结果的总数"意味着一共会有多少种可能的结果。随意地掷骰子，我可能会得到1、2、3、4、5或6，所以有6种可能的结果。

所以投掷得到偶数的概率是：

$$3/6 = 1/2 = 0.5 = 50\%$$

快猜！——马上揭晓结果！

答案

投掷一枚硬币大约50%的概率会出现正面，或者说出现正面的概率是二分之一。但是要记住，这只是一个平均值，所以在一个小型的试验中，一枚硬币出现正面或背面的频率可能比这个概率高，但一般来说，如果你将一枚硬币投掷10 000次，它正反面大概各会出现5000次。

算数平均数

算术平均数或者说均值是一个非常有用的统计工具，我们可能每天都在使用，比如老师会计算期末考试的平均分，国家会计算居民年平均收入。

不是卑鄙，而是平均！*

*译者注：英文的平均数（mean）是一个多义词，还有"卑鄙"的意思。

你知道吗？

统计天才汉斯·罗斯林（1948—2017）指出，在瑞典生活的人平均拥有不到 2 条腿。所有人的腿都不超过 2 条，少数人少于 2 条，所以平均之后略低于 2 条。这就意味着几乎每个瑞典人的腿数都高于平均水平。

但这个平均数根本不可能真实反映情况。

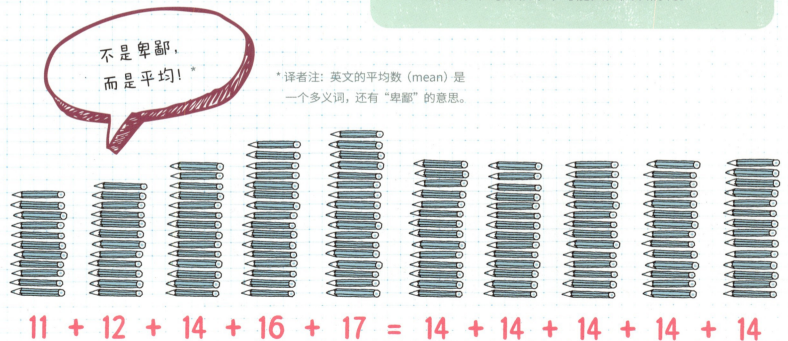

$$11 + 12 + 14 + 16 + 17 = 14 + 14 + 14 + 14 + 14$$

让我们来试试看！

以下数字的平均值是多少：11、12、14、16 和 17 ？

$$11 + 12 + 14 + 16 + 17 = 70$$

步骤 1

将所有数字相加：$11 + 12 + 14 + 16 + 17 = 70$

步骤 2

除以相加数字的个数：11, 12, 14, 16, 17 = 5

11, 12, 14, 16, 17 = 5

数学告诉我们

算数平均数表示将给定样本中所有数字进行扁平化或均匀化。你可以将这些数字分成几个组，使每个组具有完全相同的值。比如刚才的例子，我有 5 个数字，要将它们分给 5 个组。我希望每组分到的数字一样，所以我必须将 70 平均分配，这样 5 个组就都能分到相同的数字。

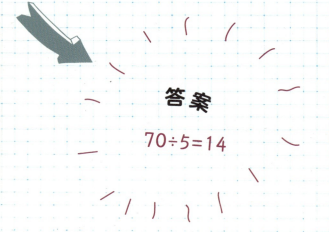

答案

$$70 \div 5 = 14$$

重要的统计量

在日常生活中，从统计数据中提炼出来的统计量可以告诉我们，哪支球队最有可能赢得周六的足球比赛，或者哪位候选人将赢得这次选举。但是这些统计量是如何计算出来的呢？这可能是一个复杂的过程，但只要懂得了统计的基本原则和一些常识，你自己也可以计算出统计量。

让我们来试试看！

为了解释简单的统计数据，我们需要知道几个关键的统计量的名称：

1. 均值
2. 中位数
3. 众数
4. 极差
5. 标准差

现在让我们自己给出一组数字：1,5,5,6,8。即使是这么小的一组数字，我们也可以练习计算统计量并作出分析，那我们该怎么做呢？

1. 均值或平均数表示将给定样本中所有数字抹平或均匀化。

$$(1 + 5 + 5 + 6 + 8) \div 5 = 5$$

2. 在一组从小到大排列的数字中，中位数正好是排在中间的数字。在我们的数字组中，中间的数字或者说中位数是 5。

3. 众数是指在一组数据中最常出现的数字。对于这组数据，我们可以看到众数也是 5。

4. 极差是一组数据的最大值和最小值之间的差值：这里最大的数字是 8，最小的数字是 1，所以极差等于 7。

5. 一个样本的标准差能告诉我们，我们的数据变化程度有多大。如果标准差很小，那就意味着我们所有的数字都接近于均值。

数学告诉我们

求标准差比较复杂，可能会让你抓狂，它需要如下几个步骤：

步骤 1：计算平均值：

从上面我们可以看到，它等于 5。

步骤 2：计算出每个数字与平均值之间的差：

$$(1 - 5) = -4; \quad (5 - 5) = 0;$$
$$(5 - 5) = 0; \quad (6 - 5) = 1;$$
$$(8 - 5) = 3$$

步骤 3：计算步骤 2 中每个答案的平方：

$$(-4)^2 = 16; \quad 0^2 = 0;$$
$$0^2 = 0; \quad 1^2 = 1; \quad 3^2 = 9$$

步骤 4：计算出第 3 步中的平方和：

$$16 + 0 + 0 + 1 + 9 = 26$$

步骤 5：将答案除以样本量（5，共 5 个数字）减 1：

$$26 \div (5 - 1) = 26 \div 4 = 6.5$$

步骤 6：计算答案的平方根：

答案

$$\sqrt{6.5} = 2.55$$

这么复杂……那标准差又是干什么用的呢？

在最常见的正态分布中，68% 的数据应该在距均值一个标准差之内，95% 的数据应该在两个标准差内，标准差在判定数据分布情况时很有用——比如考官可以用它来判定学员考分的等级。

标准差也被用于人口分析、体育比赛的输赢，还可用作股票市场波动风险的衡量标准。

解方程

对于外行来说，代数看起来就像象形文字一样难懂。

但就像我们解读象形文字一样，如果你整理并移动式子中的字母，你就可以自己掌控它们，弄清楚它们的意思。

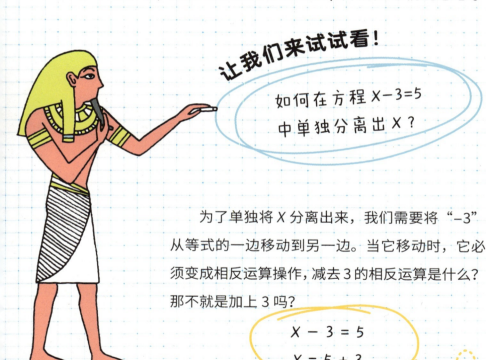

让我们来试试看！

如何在方程 X−3=5 中单独分离出 X？

为了单独将 X 分离出来，我们需要将 "−3" 从等式的一边移动到另一边。当它移动时，它必须变成相反运算操作，减去 3 的相反运算是什么？那不就是加上 3 吗？

$$X - 3 = 5$$
$$X = 5 + 3$$

那看看这个问题该怎么解呢?

如何在方程 $2X + 3 = 15$ 中求出 X?

步骤 1: 从等式的两边减去 3:

$$2X + 3 - 3 = 15 - 3$$

$$2X = 12$$

步骤 2: 将两边分别除以 2:

$$2X \div 2 = 12 \div 2$$

$$X = 6$$

现在尝试解以下方程:

$$X - 4 = 6$$

$$X + 1 = 9$$

$$3X = 18$$

$$4X - 2 = 14$$

$$7X + 10 = 59$$

答案见第 106 页。

请注意其中的 X 和 Y

代数的历史可以追溯到古埃及和古巴比伦,那里的人们已经会解线性方程 $(a\,x = b)$ 和二次方程 $(ax^2 + bx = c)$,以及不定方程,如 $x^2 + y^2 = z^2$,其中涉及了好几个未知数。古巴比伦人会用类似今天学校里教的方法来解任意的二次方程。他们还可以解一些不定方程。

你知道吗?

答案

$$X = 8$$

他跑得有多快？

有数百万人观看了尤塞恩·博尔特赢得 2012 年伦敦奥运会 100 米比赛金牌的那场比赛。

我们可能知道他获胜的纪录是 9.63 秒，但他跑得究竟有多快呢？计算速度可是一个有趣的问题，从讨论足球运动员的技巧到在花园里看蜗牛爬行都涉及速度。幸运的是，下面有一个简单的公式可以帮助你在任何情况下计算速度。

让我们来试试看！

速度 = 距离 / 时间

步骤 1： 以秒或分钟为单位计算出跑步者跑完一段固定距离所需的时间。

步骤 2： 确定该距离为多少米或千米。

步骤 3： 将距离除以时间，以求出每秒、每分钟、每小时跑的距离。

在伦敦奥运会的比赛上，博尔特就是在 9.63 秒内跑完了 100 米。

数学告诉我们

每小时的千米数可能很难估计，因为我们实际看到的大多数距离都不到 1 千米。但是，如果我们知道米数，我们就可以把米转换成千米。记住，跑 1 千米的时间需要很多秒，所以我们也需要改变我们的时间单位。使用分数来表示同样的值（例如 1 千米 =1000 米），同样，对不同的单位进行划分本质上产生了一种"抵消"的想法，我们可以把每秒米变成每小时千米。所以每秒 3 米可表示为每小时千米等于：3÷1000 × 3600 或者说每小时 10.8 千米。

答案

100 米 ÷ 9.63 秒 = 10.38 米 / 秒

要想转换为千米 / 小时，就除以 1000，再将米改为千米，然后乘以 3600（每小时 = 60×60=3600 秒）。

10.38/1000=0.01038，

0.01038 ×3600 = 37.37 千米 / 小时

2009 年，在德国柏林举行的世界田径锦标赛上，尤塞恩·博尔特以 9.58 秒的成绩创造了 100 米的世界纪录。你能计算出他的速度吗？

你知道吗？

● 打喷嚏产生的飞沫的速度可以超过每小时 161 千米。

● 咳嗽咳出的飞沫的速度可以达到每小时 97 千米。

● 家猪的平均最高速度为每小时 17.7 千米。

答案见第 106 页

35

从公式推出的公式

把一个固定公式变换形式时很容易出错。我们在 34—35 页讲到了速度，但是如果我们现在想算出以每小时 80 千米的速度旅行 100 千米所需要的时间呢？我们如何将一个已知的公式又快又好地变形，以求得这个公式里的其他变量呢？

让我们来试试看！

我们已经有了速度公式：

$v = s / t$（即速度 = 距离 ÷ 时间）

如何来写出关于时间的公式呢？

步骤 1： 将公式填写为三角形形状。

步骤 2： 将 "t" 所在的框（或你想计算的别的变量）涂成蓝色。

步骤 3： 剩下的部分就是求 t 的公式。

你可以看到 t 的公式是：

$t = s / v$（即时间 = 距离 ÷ 速度）

同样的道理，将手指按住 "v" 所在的框，你可以看到距离的公式是：

$s = t \times v$（即距离 = 时间 × 速度）。

当剩下的字母在同一行时，你就相乘，否则就用上面除以下面。

在这个例子中，我们的距离是 100 千米，速度是每小时 80 千米。

$t = 100 \div 80$

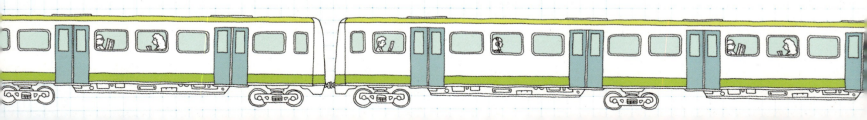

数学告诉我们

要从 $v = s / t$ 中找到 t 的值，首先你得在分母的位置消去 t。你可以采取两边乘以 t 的方法，得到：

$$v\,t = s\,t / t$$

我们知道 $t / t = 1$，而且 $s \times 1 = s$，所以 $v\,t = s$。为了单独得到 t，我们还需要消去 v。乘法的逆运算是除法，所以我们将两边除以 s：

$$v\,t / v = s / v$$

我们知道 $v / v = 1$ 和 $t \times 1 = t$，最后得到：$t = s / v$，我们一步一步地完成上面这些步骤后就得到关于时间 t 的公式，当然使用左边三角形方法最为节省时间。

时间是最重要的！

时间单位"秒"曾经被定义为一天的 1 / 86 400。然而，由于太阳和月球的引力对地球产生了潮汐摩擦作用，使一天的时间每年增加 3 毫秒，这样倒推上去，在恐龙时代一天只有 23 小时。

你知道吗？

答案 → → → 所以我们以每小时 80 千米的速度去行驶 100 千米需要 1 又 1 / 4 个小时。

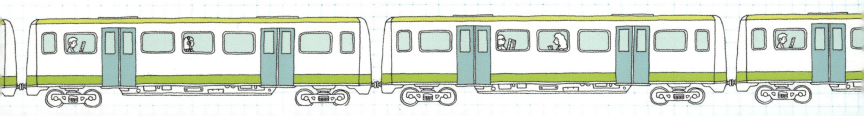

令人吃惊的面积

你想买足够的油漆来粉刷你的卧室，但又不想在装修完成后，柜子里还堆满未用完的油漆。你怎么知道该买多少油漆呢？所以请注意——懂得如何计算房间地板或墙壁的面积，是一项有用的技能！

让我们来试试看！

餐厅的墙的总面积是多少？

步骤 1：测量某一面墙从底边的一个角到另一个角的长度（底边长）。

步骤 2：测量同一面墙的宽度（即高度）。

步骤 3：用长度乘以宽度。

步骤 4：对房间内的所有墙都重复这样的操作。

步骤 5：将所有墙的面积加在一起。

你如何计算这个面积？

$(4 \times 2) \times 2 + (5.5) \times 2$
$= (8 \times 2) + (11 \times 2)$
$= 16 + 22 = 38 \, m^2$

面积表示一个物体的平面大小！

你知道吗？

　　你还可以使用此方法来求不规则形状的面积。将不规则形状分解成矩形和正方形，以找到不同部分的面积。

　　例如，右边的形状很容易分解成一个矩形和一个正方形。

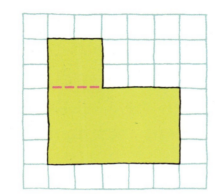

矩形的面积 =

$5 \times 3 = 15$（cm^2）

正方形的面积 =

$2 \times 2 =$（$4cm^2$）

总面积 =

$15 + 4 =$（$19cm^2$）

数学告诉我们

　　面积以平方单位计量，例如平方米（m^2）。要目测墙面有多少个完整的平方米，你就得看有多少个 1m×1m 的正方形可以铺在墙上；对于我们来说，求面积时，乘法是一种简单的方法。

　　一个 2m×1m 的矩形墙面刚好有 2 块 1m×1m 的墙砖，面积也就是 $2m^2$。如果矩形墙面是 3m×2m，则会有 6 块 1m×1m 的墙砖，面积等于 $6m^2$。

　　知道 2m×1m=$2m^2$，3m×2m=$6m^2$，我们就知道用矩形的长度乘以宽度来求它的面积了。

答案

餐厅的两面墙，一面的面积为 4m×2m，另外两面墙，一面的面积为 5.5m×2m。

计算总面积：

$(4 \times 2) \times 2 + (5.5 \times 2) \times 2 = (8 \times 2) + (11 \times 2) = 16 + 22 = 38$（$m^2$）

哇，该说到体积了！

现在我们已经对两个维度（面积，见 38－39 页）有了一些认识，你已经准备好进入第三个维度了吗？体积不仅在测量液体时使用，它还能帮助我们求出墙角里的衣柜会占用多少空间。体积把我们带到了第三个维度：谁不愿意从平面升格为立体呢？

让我们来试试看！

我们如何计算出这个盒子的体积？

步骤 1： 首先测量出物体的长度、宽度和高度。

步骤 2： 将这 3 个数字相乘。

步骤 3： 别忘了在后面加上体积的单位，与米相对应的是立方米（m³）。

3D 比 2D 酷多了

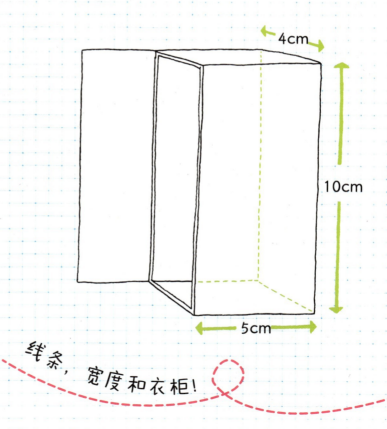

4cm

10cm

5cm

线条，宽度和衣柜！

数学告诉我们

在求面积时，我们实际上是在计算一个图形中有多少个小方格；在求体积时，我们实际上是在计算一个物体中包含小立方体的数量。

想象一下，你有一个空盒子，想知道里面放得下多少个相同的小立方体，你可以坐在那里数一数，但如果它是一个大盒子，那可能就需要一段时间了！体积指的是一个三维物体占用的空间，长 × 宽 × 高的公式可以帮助我们回答这个问题。

答案

$$5cm × 4cm × 10cm$$
$$= 20cm^2 × 10cm$$
$$= 200cm^3$$

有用的提示

在测量液体和固体的体积时，请记住使用不同的单位：

测量液体时用毫升（mL）和升（L）表示容积，固体的体积用立方厘米（cm^3）作为测量单位。知道 $1mL = 1cm^3$ 是很有用的。

你知道吗？

阿基米德（约公元前 287—前 212 年）被许多人认为是古代最伟大的数学家之一。有一个著名的故事是这样的：国王希罗二世命令阿基米德去鉴定他定做的王冠是否完全由他提供的纯金制成，没有被掺入其他便宜的金属，阿基米德因找不到头绪而发愁。最后，阿基米德在洗澡时发现了一个现象：他注意到他沉进水里越深，水就上涨得越多，于是他灵光一闪，找到了答案。他把皇冠沉入水中，测量溢出了多少水来确定皇冠的体积。皇冠的密度就可以通过用皇冠的质量除以溢出的水的体积来获得，这样就知道这顶皇冠到底是不是纯金了。

阿基米德非常兴奋，他从浴缸里跳出来，赤裸着身体跑着穿过街道，高喊着"尤里卡！（我知道了！）"

圆周率

人们常用"兜圈子"这个词来指不直截了当，浪费时间的行为。但是我们到底浪费了多少时间呢？一个圆周的长度有多长呢？圆周是一条两端连接在一起曲线。说到计算圆时总是让我想到吃饼（π 的英文为 pi *），因为许多计算都涉及圆周率 π 的使用。

让我们来试试看！

我们如何找到绕圆圈一周的长度呢？在数学中，这个距离有一个名字叫圆周长。

步骤 1：找到圆的直径。直径是圆周上两点直接穿过圆心的距离。它也可以被描述为半径的 2 倍，半径是从圆心到圆周上某点的距离。

步骤 2：乘以 π；如果你没有计算器，你可以使用 3.14 来估算。
那么让我们试着计算出一个直径为 38cm 的圆的周长。

π 的真实值 = 3.14159265359 …

* 译者注：英文中的"饼"为 pie，与 π 的读音一样

数学告诉我们

由于圆周上没有任何一段是直线，所以计算圆周上两点之间的长度需要一个常数 π。如果你试图计算圆的面积，你会发现你不能完美地用正方形去填充一个圆面的形状，甚至估计圆面积都相当困难，因为圆弯曲的边界使我们很难精确地估算。我们能精确估算圆周长首先要感谢阿基米德（见第 41 页），他找到了 π 的上界和下界。到 17 世纪人们已经能计算出 π 的小数点后 35 位。目前，计算出的 π 的位数不断增长；我们不大可能全部背下来，只要能记住了 3.14 就好了。

圆周长 = 38 cm × π ≈ 119 cm

这也可以表示为 $2\pi r$,

其中 r = 圆的半径。

你知道吗？

　　你有没有注意到，当运动员参加 400 米比赛时，他们的起跑点总是一个一个错开的？这是因为赛道越靠外圈，该赛道上的运动员跑的距离就越长，所以数学家们必须通过计算半圆形弯道的长度，并加上赛道的直线段来确定每条赛道的精确长度。这样裁判员就需要调整不同赛道起跑线，才能使比赛公平公正。

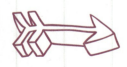

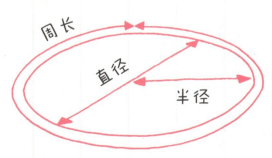

周长

直径

半径

毕达哥拉斯是谁？

我需要用多长的梯子才能到达屋顶？如果我直接穿过公园而不是绕着公园走，路程会短多少？每天我们都会遇到涉及直角三角形的问题，谢天谢地，我们有毕达哥拉斯定理来帮助我们回答这些问题。

让我们来试试看！

毕达哥拉斯定理是基于这样的思考：如果你有一个直角三角形，并且以3条边为边长各作一个正方形，那么最大的正方形的面积和其他两个正方形的面积之和相等。这可以表示为：

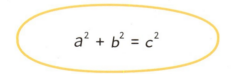

$$a^2 + b^2 = c^2$$

其中 c 是直角三角形最长的边，a 和 b 是另外两条边。

有了这个定理，如果我们知道一个直角三角形两边的长度，就可以求出第三边的长度。直角三角形最长的边被称为斜边。

那么一个直角边长分别为 3cm 和 4cm 的直角三角形的斜边有多长呢？

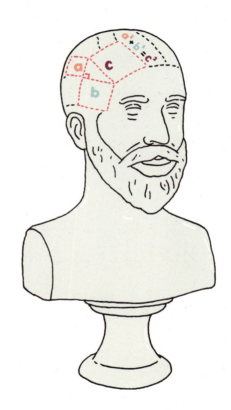

步骤 1

写出公式：$a^2 + b^2 = c^2$

步骤 2

将已知边的长度值替换 a 和 b：

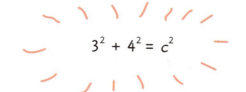

$$3^2 + 4^2 = c^2$$

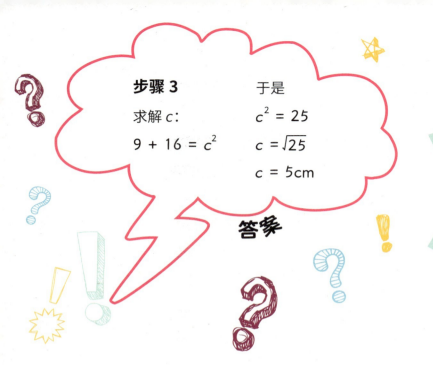

步骤 3

求解 c:

$9 + 16 = c^2$

于是

$c^2 = 25$

$c = \sqrt{25}$

$c = 5\text{cm}$

答案

数学告诉我们

该定理的表达形式如下：在一个直角三角形中，斜边的平方等于其他两条边的平方之和。观察毕达哥拉斯头像内的图案（见左页），我们发现：

一旦我们得到了 c 的面积，就可以通过计算它的平方根将其转换为长度；由于大多数情况下答案不会是整数，可以用计算器上的 $\sqrt{\ }$（根号）键帮助你完成计算工作。

正方形 a 的面积 + 正方形 b 的面积 = 正方形 c 的面积

商店又打折了

你正在浏览网页，广告弹窗突然出现了，有点烦人。别急，看看，新电视机正在打折，看起来太棒了！但它实际的花费是多少呢？是在这家买划算还是另一家更便宜呢？其实你只要稍加练习，就能成为一个聪明的购物者！

购物愉快！

快算算折扣！

让我们来试试看！

我怎么计算一台售价为 5000 元的电视机打八折后的价格是多少呢？

步骤 1： 将小数点向左移 1 位，找到总价的 10%

> 5000 元的 10% = 500 元

步骤 2： 将结果翻一倍，10% + 10% = 20%

> 500 元 + 500 元 = 1000 元

步骤 3： 从原价中减去折扣，得到实际的售价

数学告诉我们

计算实际销售价格的方法和我们前面用来计算小费的技巧差不多（见第20-21页）。

当计算5%的小费时，我们先计算出账单总额的10%，再除以2，然后把我们想付的小费金额加到账单上。

这里使用相同的操作：我们把原价当作100%，通过将小数点向左移动1或2位，可以找到原价的10%或1%。不过计算折扣的区别在于，你需要从总数中减去这个折扣值，而不是把它加在总数上。好了，去商店吧——那里不但有数学，还有便宜货哟！

你知道吗？

懂得算利息很有用，它会影响你储蓄的收益，知道百分比是怎么回事儿会帮助我们理解和计算利息。如果你的银行账户里有500元，而每年的利率是6%，那么一年后，你账户里的钱就会增加6%。要计算出这笔钱究竟有多少，你将需要以下公式：

$$当前价值 = \frac{100 + 利率的百分数}{100} \times 本金价值$$

在这个例子中，我们的计算如下：

$$106/100 \times 500 = 530 \text{ 元}$$

所以我们账户里的钱将会增加30元。

答案

5000 − 1000
= 4000（元）

今天星期几？

　　如果没有日历摆在你面前，决定聚会的最佳日子似乎是一项不大可能完成的任务。这里有个方便的技巧可以帮助你弄清楚未来的聚会会落在星期几：大家都喜欢在星期五或星期六晚上聚会，但如果不巧将聚会定在了星期一，你可能只好自己给自己庆祝了。

你知道吗？

　　在现有的公历使用之前，西方大多数国家都使用儒略历，这是儒略·凯撒在公元前 45 年推行的一种历法。直到 16 世纪，它一直被普遍使用，但它每 128 年就会产生 1 天的误差。现在的公历是由来自意大利那不勒斯的医生阿洛伊修斯·里利乌斯提出，并由教皇格里高利十三世以天特会议（1545 — 1563 年）的指示颁布的，纠正了旧儒略历中的错误。改革后的日历于当年晚些时候被少数几个国家采用，其他国家在随后的几个世纪中慢慢接受了它。它现在是国际通用的历法，使用最为广泛。

让我们来试试看！

从星期三起，往后 47 天是星期几？

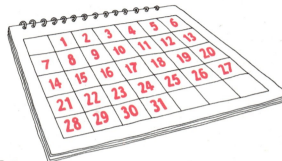

步骤 1

将往后的天数除以 7，得出剩余的天数：

$$47 \div 7 = 6，余数 5$$

步骤 2

从星期三开始往后数剩余的天数：

往后 1 天是星期四

往后 2 天是星期五

往后 3 天是星期六

往后 4 天是星期天

往后 5 天是星期一

預測未來

答案

这意味着从今天星期三起，往后 47 天将是星期一 —— 不是聚会的好日子，但至少你可以用这个惊人的技巧给你的朋友留下深刻印象！

惊人的技巧

数学告诉我们

这个技巧是基于这样一个事实，即从今天起，7 天之后将是下周中的同一天：从星期二起，7 天之后将是下一个星期二。如果我们将总天数除以 7，得到的整数表示在我们到达总天数之前还有多少周。然后，剩余天数就是推算星期几时应该往后数的天数。你也可以使用这种方法来查找过去的某一天是星期几，但请记住，这时剩余的天数将是以前的日期，因此在推算星期几时，请向前数而不是向后数。更实用的是，你可以使用此技巧来预测实际事件将在一周中的哪一天发生。例如你想知道你的下一个生日是星期几，就先计算还有多少天过生日，并使用相同的方法来推算那一天是星期几。一定要记住：四月、六月、九月和十一月有 30 天，二月就仅有 28 天，其余的都有 31 天，不要忘记还有闰年哟（闰年的二月有 29 天）！

卡普雷卡常数

　　卡普雷卡（1905—1986）是一位印度数学家，他发现了几个数字常数（或周期）。由于他只是一名普通教师而不是著名学者，所以他的发现没有引起特别大的关注，但今天这些数字为我们提供了一些计算的乐趣。

让我们来试试看！

步骤 1：选择一个至少由两种不同数字组成的四位数（所以不能选 1，111 或 2222 等）

步骤 2：按递增顺序重排数字

步骤 3：按递减顺序重排数字

步骤 4：将步骤 3 中的数字中减去步骤 2 中的数字

步骤 5：将你获得的结果，重复上述步骤

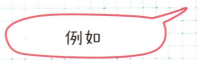

例如

1. 选择数字 3141

2. 升序 1134

3. 降序 4311

4. 步骤 3 － 步骤 2：

4311 － 1134 = 3177

2. 升序 1377

3. 降序 7731

4. 步骤 3 － 步骤 2：

7731 － 1377 = 6354

2. 升序 3456

3. 降序 6543

4. 步骤 3 － 步骤 2：

6543 － 3456 = 3087

2. 升序 0378

3. 降序 8730

4. 步骤 3 － 步骤 2：

8730 － 0378 = 8352

2. 升序 2358

3. 降序 8532

4. 步骤 3 － 步骤 2：

8532 － 2358 = 6174

答案

一旦你得到 6174，你再次重复这些步骤，就会得到：7641 − 1467 = 6174，不断重复 —— 因此称为"常数"。

卡普雷卡先生还有一种以他的名字命名的数字：这种卡普雷卡数是一个正整数，该数的平方可以拆成两部分，将两部分加起来就是原来的数字。例如，45 就是卡普雷卡数，因为 $45^2 = 2025$，20+25 = 45。

你知道吗？

数学告诉我们

上述序列中的每个数字都可以唯一地确定下一个数字。由于总的可能性是有限的，最终序列必须返回到它之前得到的数字，从而导致一个循环。因此，任何起始数字都会给出一个最终成为循环的序列。这也适用于三位数的数字，不过这时得到的常数将为 495。不信就试一试吧！

自行车踏板会形成一个周期

分类的乐趣

分类学一般是指对生物体的分类。等一下，这听起来很有趣吗？也许不是每个人都喜欢，但这个数字游戏应该会让你开心一笑。

让我们来试试看！

步骤 1： 选择一个介于 1 和 10 之间的数字。

步骤 2： 乘以 9（有关执行此操作的快速方法，请参阅第 4 页）。

步骤 3： 把结果的各位数字加起来。

步骤 4： 再减去 5。

步骤 5： 将数字与字母表中的相应字母（1 = a，2 = b，依此类推）进行匹配。

步骤 6： 想出一个以该字母开头的国家。

步骤 7： 想出一种以这个国家最后一个字母开头的动物。

步骤 8： 再想出一种以这种动物名的最后一个字母开头的颜色。

答案　　　　　　你　　　　　　从丹麦得到

你知道吗？

丹麦王国是那些令人爱不释手的乐高彩色积木的故乡，它拥有世界上最古老的国旗和最古老的君主制度，其首都哥本哈根是欧洲最古老的首都。虽然格陵兰岛在地理上是北美大陆的一部分，并有自己的政府，但它实际上也是丹麦王国的一部分。

数学告诉我们

这里的诀窍是，无论你选择什么数字，和结果数字关联的字母都是"D"。这是因为任何个位数乘以9给出的结果，其各位数字加起来是都9，这将导致步骤4的答案一定是4，字母表的第四个字母是"D"。而丹麦（Denmark）是欧洲唯一的以字母"D"开头的国家（全球范围内的选项还有：吉布提、多米尼克、多米尼加共和国）。 对于那些选择丹麦的人来说，最后一个字母是"K"，大多数人会想到动物"袋鼠"（Kangaroo），而袋鼠的最后一个字母"o"与"橙色"（Orange）又很容易相关联在一起。

一只　　　　　橙色的袋鼠？　　　　　大多数人都会！

迷人的回文数

回文是指正向和反向读起来一样的单词或短语, 例如,"race car"（赛车）, 或 "A man, a plan, a canal, Panama"（一个男人, 一个计划, 一条运河, 巴拿马）。

你可以从左到右, 或者从右到左将字母依次读出来, 都会得到完全一样的单词或词组!

回文也可以用数字来组成!

让我们来试试看!

步骤 1: 选择一个数字。

步骤 2: 将其数位上的数字逆序排列, 得到另一个数字。

步骤 3: 将这两个数字加在一起。

步骤 4: 如果结果不是回文数, 就重复步骤 2 和步骤 3。

##

让我们试试这个:

1. 723
2. 327
3. 723 + 327 =1050

##

显然 1050 不是一个回文数, 所以重复步骤 2 和步骤 3。

答案

这个答案就是一个回文数

1050 + 0501 =1551

数学告诉我们

事实上，10000 以下的数字中有 80% 的数可以通过 4 次或 4 次以下的逆序相加步骤生成回文数。大约 90% 的数生成回文数可以只用不到 7 个步骤。但有一个罕见的例子，如果你选择 89，竟然需要 24 步才能成为一个回文数。

在实践中，人们发现所有小于 10000 的数字都会以这种方式产生一个回文数，只有一个奇怪的例外——数字 196。虽然人们通过数十万次的逆序相加步骤，生成了一个巨大的 8 万位数字，但目前还没有找到回文数。人们将这样的数字叫作利克瑞尔数。

下面列出了更多的回文数：

1. 87
2. 78
3. 87 + 78 = 165
4. 165 + 561 = 726
5. 726 + 627 = 1353
6. 1353 + 3531 = 4884

1. 132
2. 231
3. 132 + 231 = 363

1. 2346
2. 6432
3. 2346 + 6432 = 8778

你知道吗？

回文至少可以追溯到公元 79 年，其中一个是在意大利的赫库兰尼姆城被发现的，赫库兰尼姆是当年维苏威火山爆发后被火山灰掩埋的城市之一。这个回文是用拉丁文写成的，被称为"萨托尔魔方阵"，上面写着："Sator Arepo Tenet Opera Rotas"（只能大概地译为"创始者拥有世界运行之道"）。值得注意的是，将回文中的 5 个单词写成 5 行，可以排列成一个 5×5 的字母方阵，有 4 种不同的阅读方式：横着读、竖着读、从左上角到右下角读或从右上角到左下角读。无论哪种方式，读起来都是回文。

奇妙的整除规则！

你可能不喜欢除法，但不要着急，这里有一些简单的规则可以让你快速

测试一个数是否可以被另一个数整除，而不需要做太多的数学运算。

这不是挺好吗？

让我们来
试试看！

真的除得尽！

除数	数字的整除性特征
2	个位数字是偶数（0,2,4,6,8）
3	各个数位数字之和可以被 3 整除
4	最后两位数字可以被 4 整除
5	个位数字是 0 或 5
6	这个数字可以同时被 2 和 3 整除
7	将个位数字截去，再用余下的数减去个位数的 2 倍，得到的结果可以被 7 整除或者是 0（截尾法）
8	最后三位数字可以被 8 整除
9	各个数位数字之和可以被 9 整除
10	个位数字是 0
11	每隔一个数位的数字相加，再减去其他数字之和，答案是 0 或 11 的倍数
12	这个数字可以同时被 3 和 4 整除

除数	例如	判断根据	
2	128 129		能 不能
3	381 217	$(3 + 8 + 1 = 12; 12 \div 3 = 4)$ $(2 + 1 + 7 = 10; 10 \div 3 = 3.33)$	能 不能
4	1312 7019	$(12 \div 4 = 3)$ $(19 \div 4 = 4.75)$	能 不能
5	175 809		能 不能
6	114 308	(偶数；且 $1 + 1 + 4 = 6; 6 \div 3 = 2$) (偶数；且 $3 + 0 + 8 = 11; 11 \div 3 = 3.66$)	能 不能
7	672 905	$(2 \times 2 = 4; 67 - 4 = 63; 63 \div 7 = 9)$ $(2 \times 5 = 10; 90 - 10 = 80; 80 \div 7 = 11.43)$	能 不能
8	109816 218302	$(816 \div 8 = 102)$ $(302 \div 8 = 37.75)$	能 不能
9	1629 2013	$(1 + 6 + 2 + 9 = 18; 1 + 8 = 9)$ $(2 + 0 + 1 + 3 = 6)$	能 不能
10	220 221		能 不能
11	1364 25176	$[(3 + 4) - (1 + 6) = 0]$ $[(5 + 7) - (2 + 1 + 6) = 3]$	能 不能
12	648 524	除以 3: $6 + 4 + 8 = 18; 18 \div 3 = 6$ 通过 除以 4: $48 \div 4 = 12$ 通过 除以 3: $5 + 2 + 4 = 11; 11 \div 3 = 3.66$ 未通过 除以 4: $4 \div 4 = 1$ 通过	能 不能

你知道吗？

现在我们使用的除号"÷"又被称为雷恩记号，是瑞士人 J. H. 雷恩在他 1659 年出版的一本代数书中使用的。

数字小游戏（1）

下面的数字游戏会让你的朋友和家人大吃一惊，不妨试一试。

游戏 1

1. 想一个小于 10 的数字

2. 将其加倍

3. 加上 6

4. 结果减半

5. 再减去原来的数字

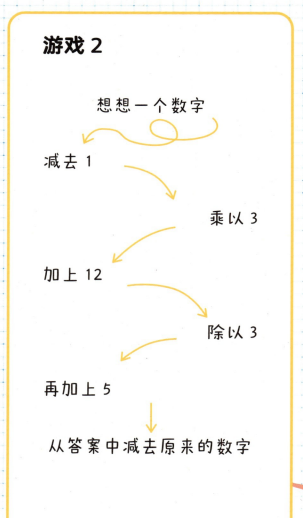

游戏 2

想想一个数字

减去 1

乘以 3

加上 12

除以 3

再加上 5

从答案中减去原来的数字

答案

你看到的
结果是 3 吗？

游戏 4

1. 选择两个一位数，不要选 0 哟

2. 从中挑一个，将它加倍

3. 加上 5

　　　　+ 5

4. 乘以 5　　　× 5

5. 加上第二个数字

6. 减去 4　　　- 4

7. 减去 21　　　- 21

游戏 3

想一个数字 ▢▢▢▷ 乘以 3 ▢▢▢▷ 加上 45

从答案中减去
原始的数字 ◁▢▢▢ 再除以 6 ◁▢▢▢ 再加倍

答案

是你一开始选择
的两个数字组成
的两位数吗？

答案

你得到的
是 8 吗？

答案

你得到的数字是 15 吗？

数字小游戏（2）

你的朋友和家人对你的数学技巧感到惊讶吧？下面的游戏技巧能让你更进一步。

游戏 5

将你生日的月份数乘以 5

加 7 → 乘以 4

乘以 5 ← 加 13

再加上你的生日日期 → 减去 205

游戏 6

写下你家门牌号码

乘以 2

加上 7（一周的天数）

乘以 50

加上你的年龄

减去 365 天（一年的天数）

加 15

答案

是你出生月份连上日期吗？

游戏 7

1. 在计算器中输入仅由重复的数字 9 组成的任何数字

2. 用它乘以任意数字

3. 把这个数字写在纸上

4. 把答案中的单个数字加在一起再加在答案中

5. 将答案的数字加在一起

答案

你的答案是 9 吗?

如果不是…

游戏 8

1. 从 1 到 10 中选择一个数字

2. 乘以 2

3. 加上 2

4. 再除以 2

5. 减去最开始选择的那个数字

答案
答案是 1 吗?

答案

你得到的是你家门牌号连上你的年龄吗?

答案

继续把答案中的数字加在一起,最终一定是 9

答案

大得难以置信的数字

当我们开始学习算术时，遇到的数字一般比较小，也很容易记忆——我们那时常用掰手指头的方法。但随着年龄的增长，我们发现数字变得越来越大。一旦我们对天文学产生兴趣，就会发现这个领域里的数字往往大得惊人。幸运的是，我们的数学学科中还有科学记数法，也被称为标准计数法，可以帮助我们将太大的数字变成方便计算和记忆的形式。

让我们来试试看！

怎么用科学记数法写一个数字？
例如 4560？

步骤 3： 用步骤 1 的数字乘以 10 的指数次幂；只要你不违反任何重要的数字规则（见第 70 页），后面的零是可以省略的。

步骤 1： 在第一个数字后加一个小数点：所以 4560 变成 4.560。

步骤 2： 数一数小数点移动的位数。这将是后面的 10 的幂指数。这里小数点移动了 3 位。

答案

4.560×10^3 或 4.56×10^3

数学告诉我们

我们在这里使用了公式 $N \times (N+1)$。用我们前面讲的两位数相乘的方法，我们先要用十位和十位相乘得到 100，然后用十位数和个位数相乘，得到两个 50，加起来又得到一个 100，合计就是 200，这就是公式 $N \times (N+1)$ 的原理。最后将个位数相乘，5 乘以 5，得到 25，所以我们得到 225。

但如果我们想得到一个个位不等于 5 的数，比如 19 的平方呢？这时要使用的是另一种技巧。

步骤 1: 找到你要平方的数字与 10 的倍数最近的差；对于 19，向上找一个最近的整 10 数字即 20，它与 19 的差是 1。

步骤 2: 现在反方向找与之差一样的数字；对于 19，我们找到 18。

步骤 3: 将步骤 1 和步骤 2 中找到的数字相乘：$20 \times 18 = 360$（在没有计算器的情况下乘以 10，然后把答案翻倍。）

步骤4: 加上与步骤1中的差的平方 $1 \times 1 = 1$，$360 + 1 = 361$

同样：$52 \times 52 = 54 \times 50 + 2^2 = 2700 + 4 = 2704$。

通过增减数字，我们的乘数总有一个是 10 的倍数，这就简化了计算，使得我们可以用心算完成运算。还有一个小窍门，可以把较大的数字分解成两个或更多的数字，然后再相乘，这样乘法也会变得更容易。

总金额是多少？

你有没有这样的经历：在便利店收银台前盯着你挑的一堆东西，想知道你是否有足够的钱去买牛奶（这个必须买）和巧克力棒（可要可不要）？你还能买得起冰激凌和薯片吗（真不想放弃）？只要你学会了下面这个有用的技巧，那么你不需要使用计算器就能得到答案。

让我们来试试看！

如何计算 81+78 ？

步骤 1： 我们尽可能地使用 10 的倍数，所以用 2+78，得到 80。

$78 + 2 = 80$

步骤 2： 用 80 替换掉算式中的 78。

$80 + 81 = 161$

步骤 3： 要得到正确答案，还须减去步骤 1 中加上的 2。

你知道吗？

滚轮式加法器可能是第一个正式投入使用的机械计算器。它是由布莱斯·帕斯卡于 1643 年制造的，目的是帮助他担任税务员的父亲艾蒂安，因为税务员需要不断进行大量数字的加减计算。

到了 1820 年，法国发明家和企业家查尔斯·泽维尔·托马斯才设计并制造了第一个商业上成功的机械计算器，并申请了专利，被称为"算术仪"。

答案

你会得到这样的结果：

那这题怎么算？

62+53

62 + 50 (+3) = 112

112 + 3 = 115

一个方便的小技巧

161−2 = 159

数学告诉我们

就像第 74-75 页的乘法技巧一样，我们可以把任何数字改写成加减数字的组合。比如数字 7 可以写成 3+4，或 10 − 3，因为这两者都等于 7。当观察两位数的数字时，我们可能会发现将它们改写为最接近的整 10 数字，再进行加法或减法最容易，因为我们大多数人对整十的运算驾轻就熟。

加上整十之后，再减去或者加上之前多加或少加的个位数就可以完成这个计算了。下次你去小卖部时不妨试试。

或者这题：

97+35 ？

97 + 30 (+5) = 127

127 + 5 = 132

负数不是坏的数

　　现在我们的数学技能正在不断地累积增长，而下面正是我们需要掌握的另一项基本技能。当你在做题时，双重的负号可能会让你感到困惑。但是别担心，这个数字小技巧会让你消除对负数的畏惧感。

让我们来试试看！

我如何减去一个负数，例如 6 − (−4)？

当你的数字有两个负号，或者说要减去一个负数，这时减去负 4 就等于加上 4：所以

$$6-(-4)=6 + 4$$

"哦，天呐，我的余额变成负数了！

68

数学告诉我们

按照四则运算规则（见第 72—73 页），加减法总是最后算。使用数轴是直观了解的好方法。

加法使数字在数轴上向右移动，但每次你看到减法或负号时，你就要改变移动方向。

当你做普通的减法时，你只需要改变一次方向，所以你应将数字在数轴上向左移动，但是当你有两个负号时，你应该先改变一次方向，然后再次改变方向，所以你又应该在数轴上向右移动你的数字，变成跟加法一样了！

现在你知道减去负数与加法相同了，那么请记住，加上一个负数与减法相同。

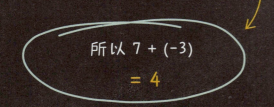

所以 7 + (−3)
= 4

你知道吗？

负数在生活中有许多应用。例如，气温在 0℃ 以下用负数表示，零下 10 摄氏度表示为 −10℃；地下一楼的停车场可以表示为 −1 层；股票涨跌可以用负数表示，例如股票跌了 1 元钱可以表示为：−1 元。在地理上，负数表示海拔高度低于海平面，我国的吐鲁番盆地的海拔为 −154.31 米。

乐观地面对负面情绪？

乘法规则

- - - - - - - - -

正数 × 正数 = 正数

正数 × 负数 = 负数

负数 × 正数 = 负数

负数 × 负数 = 正数

有效数字

我们知道，有些建筑商会虚报他们的预算，然后将多出的钱放入自己的口袋。但是，当我们自己做预算时，通常只需要一个粗略的估计值。我们可以向上或向下进行数字的取舍，或者选择要使用多少小数位数。生成估计值的另一种方法是使用有效数字。

让我们来试试看！

368 249 取 3 位有效数字是多少？

步骤 1： 对于 368 249，"3"是最重要的数字，因为它告诉我们这个数字是30 万以上，但是当我们想要 3 位有效数字时，我们需要看到第三个数字"8"。

步骤 2： 现在我们需要查看"8"后面的数字。由于这是一个"2"，根据四舍五入规则，我们应该向下舍去而不是向上纳入。

四舍五入的规则是：

● 如果下一个数字是 5 或更大，我们就采取"入"的操作，在上一位加上 1，然后去掉后面的数字。

● 如果下一个数字是 4 或更小，我们就采取"舍"的操作，把它后面的数字都舍去。

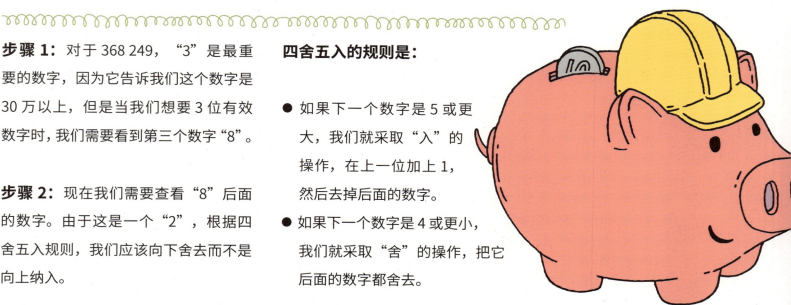

向上纳入，向下舍去！

数学告诉我们

在数学中，我们常将数字四舍五入为多少位有效数字；最常见的是 1 位，2 位和 3 位有效数字。

有效数字的规则是：

1. 所有非零数字（1、2、3、4、5、6、7、8、9）都是有效的。

2. 非零数字之间的所有的 0 也是有效，例如 30 245。

3. 如果整数部分不是零，所有位于小数点右侧和数字末尾的零都有效的，例如 501.040。

4. 数字大于或等于 10，所有写在小数点左侧的 0 都是有效的，例如 900.06。

你也可以将有效数字用于小数。

对于 0.0000058763，"5" 是最重要的有效数字，因为它告诉我们这个数字是百万分之五左右。"8" 是第二重要的有效数字，依此类推。

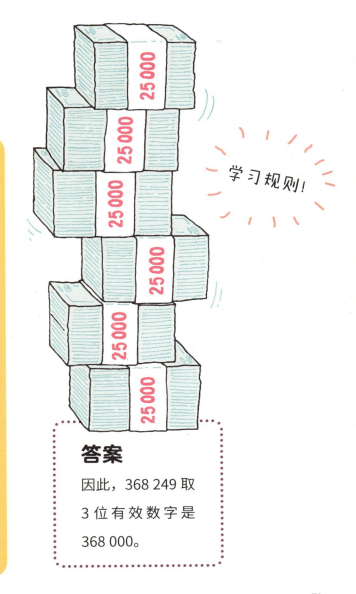

学习规则！

答案

因此，368 249 取 3 位有效数字是 368 000。

运算的顺序

你可能已经注意到了，数学的神奇之处在于，你在用不同的顺序进行运算时，可能会得到不同的答案。幸运的是，正如你所期望的那样，我们规定了一种正确的运算规则，这被称为"运算顺序"。

让我们来试试看！

如何求 $4 \times (3 + 4) \div 14 + 5$？

步骤 1： 完成括号中的运算

$4 \times (7) \div 14 + 5$

步骤 2： 从左到右完成所有乘法和除法

$4 \times 7 = 28$

$28 \div 14 + 5$

$28 \div 14 = 2$

$2 + 5$

步骤 3： 最后阶段是从左到右完成所有加法和减法。

请原谅我亲爱的莎莉阿姨！
PLEASE EXCUSE MY DEAR AUNT SALLY!

PEM
DAS

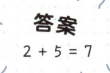

答案

$$2 + 5 = 7$$

数学告诉我们

在解决一个多步骤运算问题时，要始终使用以下首字母缩写："PEMDAS"所表示的规定来完成，（注意，"PEMDAS"这也是左图那句英文的缩写）。

这里规定：

P（Parentheses）括号： 只要题目中出现括号，请首先计算括号内的内容。

E（Exponents）指数： 即用上标书写的小数字。它们告诉你一个数字自己乘以自己多少次，也被称为乘幂。

MD（Multiplication and Division）乘法和除法： 它们的优先程度是一样的，所以应从左到右依次完成。

AS（Addition and Subtraction）加法和减法： 最后从左到右完成加减法。

你知道吗？

$$1 \times 8 + 1 = 9$$
$$12 \times 8 + 2 = 98$$
$$123 \times 8 + 3 = 987$$
$$1234 \times 8 + 4 = 9876$$
$$12345 \times 8 + 5 = 98765$$
$$123456 \times 8 + 6 = 987654$$
$$1234567 \times 8 + 7 = 9876543$$
$$12345678 \times 8 + 8 = 98765432$$
$$123456789 \times 8 + 9 = 987654321$$

阿尔伯特·爱因斯坦，在德国出生的物理学家

不要为你在数学上遇到的困难而烦恼，我向你保证，我遇到的困难要大得多。

有用的乘法小窍门

通过下面的练习，你可以快速地心算出某些乘法的结果，所花的时间也许比将手机切换到计算器模式还要少。这不仅会给你的朋友留下深刻的印象，对你的大脑也是一种锻炼。练习这些有用的窍门，你将在乘法对决中所向披靡。

让我们来试试看！

×4： 数字 4 可以分解为 2×2，因此，如果我们需要乘以 4，实际上可以乘以 2，然后再乘以 2。换句话说，将数字加倍，然后再加倍。

×5： 5 是 10 的一半。如果你能乘以 10 再减半，与乘以 5 是一样的。

×6： 乘以 3，然后加倍。

×12： 将数字加倍，再加上原来数字的 10 倍。

×14： 乘以 7，然后加倍。

×16： 乘以 8，然后加倍。

×18： 乘以 20（或乘以 10 并加倍），然后减去 2 倍的原数字。或者乘以 9 并加倍，现在你已经是乘 9 的乘法专家了！

答案

见第 106 页

测试自己试着在脑海中心算这些问题：

1. $4 \times 9 =$

2. $11 \times 8 =$

3. $6 \times 4 =$

4. $7 \times 12 =$

5. $5 \times 14 =$

6. $16 \times 9 =$

7. $3 \times 18 =$

8. $11 \times 12 =$

9. $8 \times 6 =$

10. $18 \times 9 =$

熟能生巧！

googol
是数字 1 后面跟着
100 个零！

你知道吗？

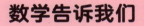

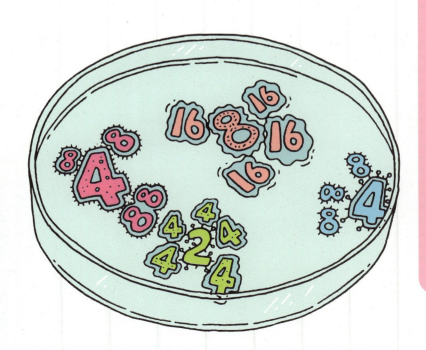

数学告诉我们

　　做乘法时，乘法的顺序不会影响你的最终答案。这允许你将一个大数字分解为较小的数字，这些数字乘起来可以得到最终答案。我可以把 16 分解成 4 × 4，或者我可以将 16 分解成 2 × 2 × 2 × 2。

　　要计算一个数字乘以 16，我可以把这个数字乘以 4 后再乘以 4；或者乘以 4，然后加倍两次。或者，正如我们刚刚看到的那样，乘以 8，然后加倍，可能的算法是多种多样的！

像兔子那样繁殖

如果你有幸出生在中世纪意大利的一个富人家里，你会有很多时间。在没有电视、互联网和其他现代消遣方式的情况下，人们会倾向于做相当多的思考。莱昂纳多·皮萨诺·比戈洛（1170 — 1250 年，后人也称他为斐波那契）就是这种情况，他是一位富商的儿子，他把时间花在思考数学问题上。

让我们来试试看！

斐波那契到处游历，他研究过印度—阿拉伯数字系统，并于 1200 年出版了一本名为《计算书》的著作。这本书中考虑的问题之一涉及兔子种群的繁殖。他的问题是：

假设你去一个无人居住的岛屿，带去了一对新生的兔子（一只雄性和一只雌性），它们在一个月后发育成熟，之后每个月生育两只后代（一只雄性和一只雌性），并永远活着。每对兔子在一个月内成熟，然后在下个月开始时产生一对新生兔。那么在一年后会有多少对兔子？头几个月的情况如下：

1. 在第一个月结束时，两只兔子交配，但仍然只有一对。

2. 在第二个月结束时，雌兔产下一对新的兔子，所以现在岛屿上有两对兔子。

3. 在第三个月结束时，原来的雌性生出第二对宝宝，在田野里有 3 对兔子。然后，这个过程根据斐波那契的数列继续……

数学告诉我们

月份	1	2	3	4	5	6	7	8	9	10	11	12
兔子的对数	1	2	3	5	8	13	21	34	55	89	144	?

兔子繁殖问题生成的数列被称为斐波那契数列，在数学和自然界中都有许多应用。用公式表示，其规则为：

$$x_n = x_{n-1} + x_{n-2} + \cdots$$

这里：

x_n 是第 n 项

x_{n-1} 第 $n-1$ 项，即 x_n 的前面一项

x_{n-2} 第 $n-2$ 项，即 x_{n-2} 的前面两项

答案

在第十二个月结束时，将有 233 对兔子。

这里有多少对兔子？

素数之谜

　　古希腊人真了不起，他们在数学方面做了很多艰苦卓绝的工作，让我们得以享受他们的成果。昔兰尼的埃拉托色尼（约公元前 276 年—前 195 年）是一位希腊学者，他发明了一种从 1 到 100 中找出素数的简洁方法。

数学告诉我们

　　埃拉托色尼所做的是创建一个简单的算法来找到某个范围内的素数。它通过从每个素数开始并识别该素数的所有倍数来做到这一点。由于每次可以筛去一个数列，数列的差值等于该素数，因此这比使用试错法挨个查找每个数是否为素数更有效。

> 埃拉托色尼的筛子先筛去 2 的倍数，再筛去 3 的倍数……当筛掉所有素数的倍数时，剩下的数字就是素数。
>
> ——无名氏

> 埃拉托色尼也是一位诗人、天文学家和地理学家。他是第一个在希腊语中使用"地理"（geography）这个词的人，并开创了我们今天所知的地理学科。

你知道吗？

让我们来试试看！

素数是指那些除了它自己和 1 以外不能除尽其他任何正整数（大于 1）的正整数。

1. 在这份 10 行 10 列的表格中填入 1 ～ 100 之间的数字。

2. 划掉数字 1，因为所有素数都大于 1。

3. 数字 2 是素数，所以我们可以保留它，但我们需要划掉 2 的倍数（即偶数）。

4. 数字 3 也是素数，所以我们也保留它并划掉 3 的倍数。

5. 下一个数字是 5（因为 4 已经划掉了），所以我们保留 5 并划掉数字 5 的倍数。

6. 第一行中还剩下的最后一个数字 7，因此也保留 7 并划掉 7 的倍数。

7. 你已完成这项工作，表格上剩下的数字（白色数字）都是素数。

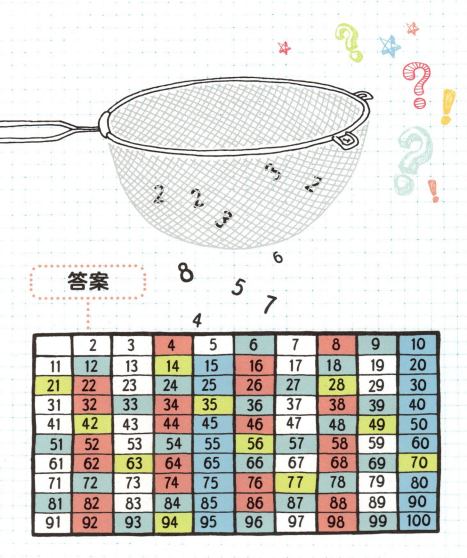

答案

	2	3	4	5	6	7	8	9	10
11	12	13	14	15	16	17	18	19	20
21	22	23	24	25	26	27	28	29	30
31	32	33	34	35	36	37	38	39	40
41	42	43	44	45	46	47	48	49	50
51	52	53	54	55	56	57	58	59	60
61	62	63	64	65	66	67	68	69	70
71	72	73	74	75	76	77	78	79	80
81	82	83	84	85	86	87	88	89	90
91	92	93	94	95	96	97	98	99	100

四色定理

虽然我们能将数学和科学联系起来，但数学和别的学科有什么联系呢？我们最不容易想到的领域之一可能是地理学，但就是这个关于在地图上使用颜色的地理学问题让数学家们困扰了好多年。

让我们来试试看！

在行政地图上，每个邻国或相邻省市需要用不同的颜色填充，以便地图看上去更清晰。在 19 世纪，还存在成本问题：使用的颜色越多，地图的印刷成本就越高。那么在保证邻国或相邻省市都用不同的颜色表示的前提下，最少需要多少种颜色？

许多数学家接受了这一挑战。在 19 世纪 50 年代，英国人弗朗西斯·古德里认为 4 种颜色就足够了，1879 年，伦敦大律师阿尔弗雷德·布雷·肯普提供了一个证明，在 11 年后被人指出存在错误。在接下来的 100 年里，这个问题一直困扰着数学家。

数学告诉我们

任何一张地图只用四种颜色就能使具有共同边界的国家着上不同的颜色。

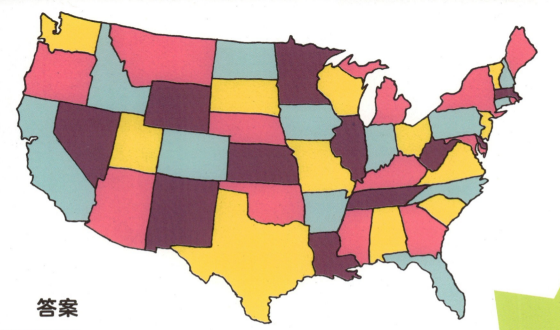

答案

　　事实上，这种证明的方法确实是非常不像传统数学。20 世纪 60 年代，德国数学家海因里希·希许开始使用计算机来继续肯普的工作。这一消息随后传到了美国，两名美国人——伊利诺伊大学的肯尼斯·阿佩尔和沃尔夫冈·哈肯设计了一个计算机程序，测试所有可能的构形，并将它们简化，直到无法继续下去，然后这个过程被放弃，程序以另一个不同的构形重新开始。最后，在 1976 年 6 月，经过将近 2000 个构形的测试和 1000 小时的计算机运算，他们终于证明了四色定理。

　　土耳其在政治和地理上都是欧洲和亚洲大陆的一部分。但它横跨伊斯坦布尔海峡，这是亚洲和欧洲的分界线。

你知道吗？

奇怪的罗马数字

古代罗马人的数学很奇怪，它使用的是字母，而不是我们今天所熟悉的阿拉伯数字。

罗马数字的复杂性受到许多人的指责，因此尽管罗马人在很多方面取得了各种进步，但在罗马帝国和共和国时期没有出现过数学创新，也没有值得关注的数学家。

让我们来试试看！

如何用罗马数字写出2013年？

罗马人使用了一种特殊的方法，基于以下符号来表达数字。

要用罗马数字写出2013年，你需要把它分解成其组成单位，即千、百、十、一，并按顺序写出来：

2000 = MM

13 = XIII

答案

2013 = MMXIII

一个特定的数字有4个字母。拿掉2个字母，你还剩下4。再拿掉一个字母，你还剩下5。这个数是什么？

你知道吗？

答案见第106页

1	2	3	4	5	6	7	8	9	
I	II	III	IV	V	VI	VII	VIII	IX	
10	20	30	40	50	60	70	80	90	
X	XX	XXX	XL	L	LX	LXX	LXXX	XC	
100	200	300	400	500	600	700	800	900	1000
C	CC	CCC	CD	D	DC	DCC	DCCC	CM	M

数学告诉我们

　　罗马数字系统是基于伊特鲁里亚人使用的符号发明的，罗马共和国在公元前 1 世纪才建立，而伊特鲁里亚人在比罗马帝国还要早 1200 年时，就在意大利西北部建立了自己的文明。许多人认为，罗马数字从 1—5 的数字是基于手指的形状发明的：I 代表一个手指，II 代表两个手指，等等。V 的斜线代表拇指。代表数字 10 中的"X"则表示两个交叉的拇指。较大数字的符号——L、C、D 和 M——来自变形后的符号"V"和"X"。数字的形成方式是基于加减法的，规则如下：

1. 当一个符号出现在一个较大的符号后，它会被加上去：VI =V+I=5+1=6。

2. 但如果该符号出现在一个较大的符号之前，它就会被减去：IX =X−I=10−1=9。

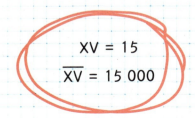

$$XV = 15$$
$$\overline{XV} = 15\,000$$

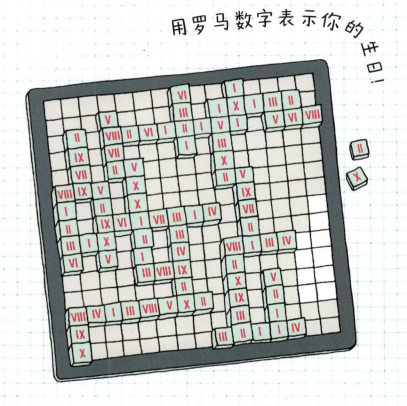

3. 连续使用同一个符号不要超过 3 次。

4. 放置在字母或字母串上的线条会使数字的值增加 1000 倍。

圆的面积

来吧，是玩飞镖游戏的时候了。但是你的目标到底有多大呢？（让我们忘掉靶心，因为很难命中！）我们已经学会了如何计算一个圆周的长度（见第 42—43 页），所以现在是时候学会如何计算圆的面积了。

让我们来试试看！

飞镖靶的半径为 22.86cm，中间的靶心半径为 1.27cm。靶心外的飞镖靶面积是多少呢？

圆的面积公式为：

$$面积 = \pi r^2$$

半径 r 是从圆心到边缘的距离，是直径长度的一半。

（见第 42—43 页）

你知道吗？

目前记忆 π 的数位的世界纪录已达到 10 万位，是由日本的原口证（生于 1946 年）于 2006 年 10 月 3 日创造的。从上午 9 点开始，原口证花了 16 个小时才数到 π 的第 10 万位，每两个小时有 5 分钟的进食和休息时间。他此前在 2005 年 7 月创造了 83 431 位的纪录。然而，《吉尼斯世界纪录大全》尚未接受他的这两个纪录，目前吉尼斯还是将中国的吕超（2005 年达到 67 890 位）列为世界纪录保持者。

下面要计算出最大圆（飞镖靶）的面积：

$$\pi r^2$$
$$= \pi \times 22.86^2$$
$$= \pi \times 522.58$$
$$= 1641.73 \ (cm^2)$$

数学告诉我们

　　对于任何一个圆，它的周长除以其直径都等于圆周率 3.141592⋯这种关系从古代就已为人所知，但最早在 1706 年使用希腊字母 π (pi) 来表示的是英国数学家威廉·琼斯（1675—1749 年）。π 是一个无理数，不能写成一个分数。用十进制表示的 π 有无限位数字，而且没有明显的规律，尽管数学家们试图通过计算越来越多的小数位来寻找规律，但仍没有任何发现——现在人们已经计算出 π 的超过 10 万亿（10^{13}）位有效数字。

下面要计算出最小圆（靶心）的面积：

$$\pi r^2$$
$$=\pi\times1.27^2$$
$$=\pi\times1.61$$
$$=5.06 \; (cm^2)$$

答案

我们得到：
1641.73−5.06=
1636.67（cm^2）

为了计算靶心外飞镖靶的面积，我们要从大圆的面积中减去小圆的面积。

照片中的黄金比例

由斐波那契的数字序列所创造的黄金比例（见第 76—77 页），让我们能以一种美观而优雅的方式进行构图，以拍摄出更好的照片。所以，无论你的相机是胶片相机、单反相机还是手机——它们拍出的照片的长宽比例都接近黄金比例。

黄金比例展现出一个矩形

数学告诉我们

黄金比例是在数学和艺术中都存在的一种比例关系，对于两个数字，两数之和与大数的比值等于大数与小数的比值。

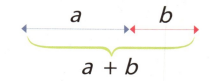

$a + b$ 比上 a 等于 a 比上 b

这个比值现在常用希腊字母 ϕ (phi) 表示，其值为 1.618033…这个比值在数学以外的设计、艺术、建筑、音乐和自然等各个领域都有广泛的应用，并深受欢迎。

黄金比例

让我们来试试看！

古希腊的数学家们首先研究了我们现在所知道的黄金比例，因为它出现在与五边形有关的几何学中。1202 年，斐波那契发表了他的数字序列（见第 76-77 页），很明显，这个序列越是往后延伸，前后两个数字之间的比例就越接近黄金比例。

但这和拍照片有什么关系呢？如果你把黄金比例的概念应用到一个矩形上，那么最美观的形状是长边和短边的比例在 1.6 左右——这就是 φ 的近似值——这种矩形被称为黄金矩形。如果你将这个矩形划分为一个正方形和一个小矩形，那么这个小矩形也将是一个黄金矩形。如果一直做下去，你将创建一个螺旋线的形状，这个螺旋线让人联想到在自然界中看到的鹦鹉螺，它显示了斐波那契数列的特性。

所以当你在拍照时，想象一下在取景框中有一个斐波那契螺旋线。不要将你照片中最重要的元素，例如某人的眼睛或某个重要的建筑定位在照片的几何中心，而是定位在斐波那契螺旋线的中心点上——稍微有点偏离照片中心。试一试吧，效果真的不错！

你知道吗？

大约在 2500 年前，一位名叫菲迪亚斯的希腊雕塑家兼建筑师用黄金比例设计并雕刻了帕特农神庙的雕像，而他名字中的前缀"phi"实际上启发了 20 世纪时，人们对这个数字的命名。

我的比你的大

数学问题并不总是只涉及一个数值。有时我们会把一些东西和别的东西进行比较，然后确定它们彼此数值的大小：比如彼得比约翰跑得快；艾玛的头发比简的头发短，等等。这些比较都涉及不等量。

不等量也有自己的符号，这样我们在处理不等量的关系时更为方便。

医学使人生病，数学使他们忧伤，而神学使他们有罪。
——马丁·路德，德国神学家

你知道吗？

$12 + 3 - 4 + 5 + 67 + 8 + 9 = 100$

让我们来试试看！

当在你路过商店或者超市时，也许会看到里面张贴着"请勿向未成年人兜售烟酒"的告示；一些公共场所，如网吧等，也是禁止未成年人进入的。我们国家规定不满 18 周岁的自然人为未成年人。你知道这个概念怎么用数学表达出来吗？如果你的年龄小于 18 岁，那么你就是未成年人。

所以，如果你要宣布自己在法律意义上已经成年，那么你需要：

但你也可以等于 18。

答案

……也就是说，要宣布自己是法律意义上的成年人，你的年龄必须是：

≥ 18

因数分解

　　在数学中将一个数字进行因数分解，有点像把数字扔进一个绞肉机：你可以用它来求出这个数字的所有因数，包括数字 1 和这个数字本身。因数分解还可以帮助我们找出这个数字和其他数字有哪些共同之处。

让我们来试试看！

　　有 80 个棒棒糖，要事先分成若干相等的礼品袋，到时候每个小朋友发一袋，但只知道可能有 12 个或 20 个小朋友来参加晚会。那我应该怎样将棒棒糖分袋，才能在这两种情况下让小朋友都能得到最多的棒棒糖呢？

12 的因数包括：　1、2、3、4、6 和 12

20 的因数包括：　1、2、4、5、10 和 20

数学告诉我们

现在我们正在计算 12 和 20 的最大公约数。

两个整数的最大公约数是两个数的所有因数中的最大整数。12 和 20 的最大公约数很容易找到，它就是 4。

我们还可以通过将两个列表中出现的所有素数因子相乘来找到最大公约数，在这种情况下，只有数字 2，而且都有两个 2，所以 12 和 20 的最大公约数是：

$$2 \times 2 = 4$$

另一个涉及因数的常见操作是找到最小公倍数。

两个整数的最小公倍数是两者的整数倍中最小的整数。你可以通过乘法来解决这个问题。

在这两个列表中分别出现过的所有素数因数的乘积：

$$12 = 2 \times 2 \times 3$$

$$20 = 2 \times 2 \times 5$$

12 和 20 的最小公倍数 = $2 \times 2 \times 3 \times 5 = 60$

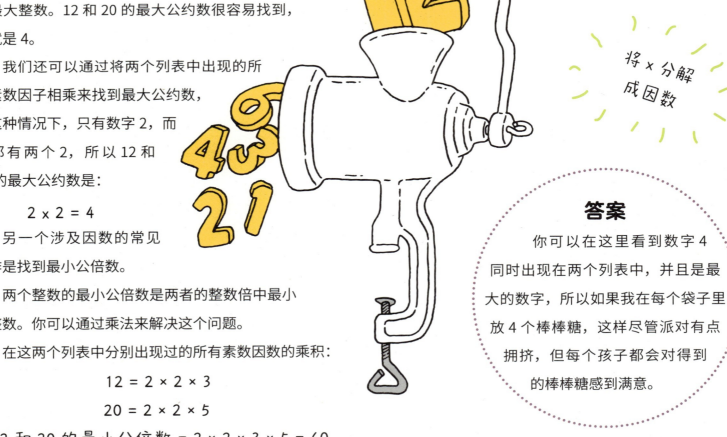

将 x 分解成因数

答案

你可以在这里看到数字 4 同时出现在两个列表中，并且是最大的数字，所以如果我在每个袋子里放 4 个棒棒糖，这样尽管派对有点拥挤，但每个孩子都会对得到的棒棒糖感到满意。

六个就是半打

分数看起来不错，但我们该怎么把它们加起来呢？我知道这块是半个蛋糕，这块是三分之一个蛋糕，那一块蛋糕也不错，但看起来只有四分之一。那么这三块蛋糕加起来到底是多少呢？我只知道答案是"真不少"！

让我们来试试看！

什么是 1/2 + 1/3 + 1/4？

分数相加有 3 个步骤：

步骤 1： 使每个分数的分母变得相同——通分。

步骤 2： 将共同的分母上面的数字（分子）加起来。

步骤 3： 必要时化简得到分数——约分。

例题里的数字分母是不同的，所以我们需要使它们变得相同。实现这一点的方法是找到 3 个数字的最小公倍数（参见第 90—91 页）。2、3 和 4 的最小公倍数是：

它们的最小公倍数 = 2 × 2 × 3 = 12

这意味着最小的共同分母是 12，所以可以得到：

1/2 + 1/3 + 1/4 = 6/12 + 4/12 + 3/12

我们需要把它们的分子加在一起。

答案

数学告诉我们

分数减法与分数加法是一样的做法，但分数的乘法和除法是不一样的。

分数相乘时，请这样做：

1. 将分子相乘

2. 将分母也相乘

3. 必要时化简得到的结果——约分

分数相除时，请这样做：

1. 把第二个分数（作为除数的分数）分子和分母颠倒过来

2. 将第一个分数乘以颠倒后的第二个分数

3. 必要时化简得到的结果——约分

有些分数化为小数时会出现重复不断的数字，比如 2/3，化为小数为 0.66666…有些分数会出现有趣的数字，如 617/500=1.234，而有些分数会出现重复的数字串，例如，152/333 会得到 0.456456456…

6/12 + 4/12 + 3/12 = 13/12 = 1 又 1/12

13/12 实际上是一个假的分数（分子大于分母），这说明这三块蛋糕拼起来比整个蛋糕还要多！

欧几里得的高效算法 *

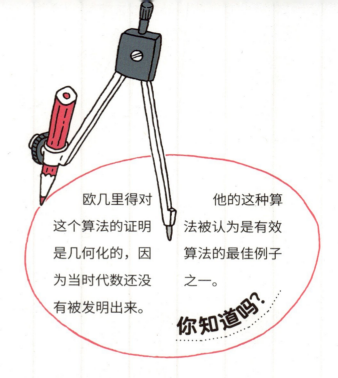

欧几里得活跃于公元前 4 世纪末，是一位古希腊数学家，他以其著作《几何原本》而闻名于世，《几何原本》是数学史上最有影响力的作品之一。

人们对他的生活知之甚少，但直到 20 世纪初，他的数学方法都是数学教科书的基础。在他留下的众多遗产中，有一种计算最大公约数（见第 90—91 页）的算法，不用对每个数进行因数分解。

欧几里得对这个算法的证明是几何化的，因为当时代数还没有被发明出来。

他的这种算法被认为是有效算法的最佳例子之一。

你知道吗?

让我们来试试看!

如何使用欧几里得算法计算 36 和 15 的最大公约数？

在《几何原本》的第七卷中，欧几里得描述了如何在不列出其因数的情况下计算出最大公约数。要找到 36 和 15 的最大公约数，请按以下步骤执行：

步骤 1: 将大数字除以小数字。

$$36 \div 15 = 2（余数 6）$$

步骤 2: 将小数字除以上面的余数。

$$15 \div 6 = 2（余数 3）$$

步骤 3: 将第一个余数除以第二个余数。

$$6 \div 3 = 2（余数 0）$$

* 译者注：欧几里得的这种算法又被称为"辗转相除法"。

把算法看作 数学中的烹饪法！

答案

最后一个非零的余数就是
两个数字的最大公约数，

因此：

最大公约数 = 3

数学告诉我们

算法是一个一步一步特定操作的过程——有点像烹饪法。另一种表达算法的方法是这样的：

对于两个数字 a 和 b：

$a \div b$ 得到余数 r

$b \div r$ 得到余数 s

$r \div s$ 得到余数 t

⋮

$w \div x$ 得到余数 y

$x \div y$ 没有余数（余数为 0）

这样 y 就是 a 和 b 的最大公约数。如果第一步就没有产生余数（余数为 0），那么 b（这两个数字中较小的那个数）就是 a 和 b 的最大公约数。

破译密码

　　每个人都喜欢间谍故事，但作为一名间谍不光需要有手枪和神奇的小玩意，还需要精通密码。只要语言被写成文字，就必须保证信息不被我们的敌人探查到。著名的密码有凯撒密码，害死苏格兰女王玛丽的密码，以及第二次世界大战期间的德国恩尼格玛密码。

让我们来试试看！

　　代码和密码是秘密通信的形式。代码用一组字母或数字替换整个单词、短语或句子；密码重新排列字母或用其他字母或符号代替它们来掩盖信息。

　　这被称为加密。

　　这串字母是你留给家人或朋友的信息，但它说的是什么？

WKH NHB LV XQGHU WKH PDW

　　当凯撒大帝在给他的将军们发送编码信息时，他密码使用的字母在字母表中向后移动了 3 个位置：所以他把 A 变成了 D，E 变成了 H，以此类推。那么使用下面的密钥，你能破解上面这串密码吗？

A	B	C	D	E	F	G	H	I	J	K	L	M	N	O	P	Q	R	S	T	U	V	W	X	Y	Z
0	1	2	3	4	5	6	7	8	9	10	11	12	13	14	15	16	17	18	19	20	21	22	23	24	25

数学告诉我们

为了创建密码，我们在起始数字上加 3，所以对于 A，就是：

$$0 + 3 = 3$$

这里的数字 7 是 H，所以当加密信息时，E 会变成 H。当解码消息时，我们所做的工作恰恰相反，所以在这个例子中，加密是加法，而解密是减法。用密码学的术语讲，用于创建代码的方法被称为算法，而上面的表格，用于原始信息（也称明文）的加密和破译，被称为密钥。

答案

破译出来是：

"The key is under the mat"

（钥匙藏在垫子下面）

数字 3 表示我们密码中的字母 D，所以用 D 来代替字母 A。

$$而字母 E 为：4 + 3 = 7$$

事实上，你看到的上面的加密代码是一种原始密码，其中 H 是最常出现的字母，紧随其后的是 W。这是因为 E 和 T 是字母表最常用的两个字母，使用频率分析是破解这种密码的常用方法。

你知道吗？

1918 年，德国商人亚瑟·谢尔比乌斯发明了恩尼格玛密码机，并出于纯粹的商业目的将其卖给了银行。在第二次世界大战之前和战争期间，纳粹德国都使用了这种机器来进行军事信息的加密。德国人认为恩尼格玛密码是不可破译的，但这种密码先是在波兰，后来在英国被破解。艾伦·图灵发明了名为 BOMBE 的密码破译机，成功破译了恩尼格玛密码，将这场战争缩短了两年之久。

展示我们的调查结果

你已经做了一个调查，现在你想做一个非常有趣的演示，展示你工作成果的最好方式是什么呢？数字本身是枯燥的，但幸运的是，有许多不同类型的表格和图形，使我们能够以一种令人兴奋的方式展示我们的发现。

让我们来试试看！

调查 20 个朋友，他们最喜欢的电视节目类型见下表：

娱乐	美食	喜剧	新闻	体育
5	4	6	1	4

我们如何将这些数据展示为柱状图和饼状图？

你想要制作一个柱状图以显示不同类别的节目各有多少人喜欢。需要在相应的柱形上标注人数，在柱的底部标注节目类型。

饼状图是一种用圆面分成的几个扇形部分的相对大小来比较数据的圆饼形图形，制作有点复杂。首先，对于整个群体（20 人）来说，你需要计算出喜欢每个类别人数所占的百分比。然后还需要将 360°（一个整圆的度数）按这些百分比计算出每个扇形的角度。

娱乐	美食	喜剧	新闻	体育
5	4	6	1	4
5/20 = 25%	4/20 = 20%	6/20 = 30%	1/20 = 5%	4/20 = 20%
25% × 360° = 90°	20%×360° = 72°	30% ×360° = 108°	5%×360° = 18°	20% ×360° = 72°

现在你可以切开你的圆饼了（你需要一个量角器）。

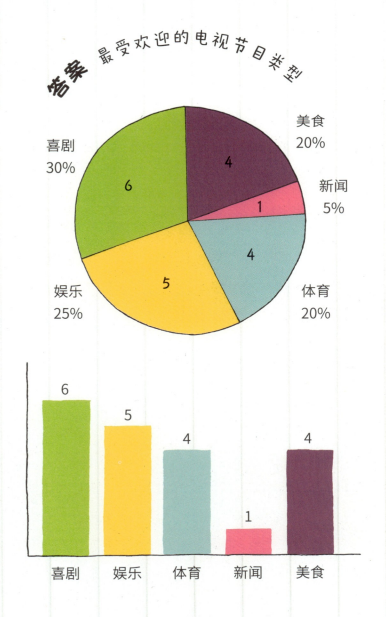

答案 最受欢迎的电视节目类型

美食 20%

喜剧 30%

新闻 5%

娱乐 25%

体育 20%

数学告诉我们

　　这只是两种以图形化方式展示数据的方法，有利于显示数据的相对大小。其他类型的图表包括：

直方图：类似于柱状图，但将数字分组到不同的范围内。

折线图：将数据点按某种方式（例如随时间变化）连接成折线。

散点图：用两组数据——对应画成平面上的若干点，考察点的分布显示出的两组数据之间的关系。

象形图：用图像来表示东西的数量。

神奇的幻方

你玩过数独游戏吗？这些神奇的数字谜题在书籍、报纸和网上比比皆是。你一定很想知道该怎么做吧！让我们回到基础知识，看看如何来构造神奇的数字幻方，你可以通过下面的步骤学会它。

让我们来试试看！

如何使用连续的正整数来构造一个正方形，其中每行、每列和每条对角线加起来都是相同的数字？暂时遮住下面的结果，画出你自己的方格，看看你该如何进行。

步骤 1： 绘制一个 3 × 3 的网格。在第一行的中间放置数字 1。

步骤 2： 在其他方格继续放置下一个数字时。请记住要遵循如下规则：

● 在当前方格的右上角（如果没被占用的话）放置下一个数。

● 如果已经被占用，那放到当前方格下面的方格中。

● 如果向右上方移动时已经离开网格的边缘，那就填在方块对边的对应方格中。

步骤 3： 当你填 2 时，你向右上角移动，但超出了方块的上边，2 被放置在它的对边，即右下角方格中。同样地，放置数字 3 时，你已经离开正方形的右边，所以你将 3 放入左边中间方格。填 4 时，右上角已被 1 占用，所以就放在 3 的下面，以此类推。将 5 和 6 填入右上角，填 7 时，同时超出上边和右边，应放入左下角，但被 4 占用，只能放 6 的下面，填 8 时超出右边；放入左上角，填 9 时超出上边，放入最后一行中间。

答案

8	1	6
3	5	7
4	9	2

由此可见，每一行、列和对角线加起来都等于 15。

你能用这种方法完成 5 × 5 的幻方吗？（答案见第 106 页）

数学告诉我们

用于构造这个幻方的方法是一个算法，它有许多名称，比如劳伯尔算法、爬梯法或暹罗法。西蒙·德·拉·劳伯尔是法国数学家和外交家，17世纪曾在暹罗（现在的泰国）生活过，他将这种方法带回了欧洲。1693年，他写了一本名为《与暹罗王国的新历史关系》的书，书中阐述了他的发现。

该方法是一个简单的算术进程，任何奇数阶的幻方都可以用它生成。但这种算法不能用来生成偶数阶的幻方。通常幻方都从数字1开始；但实际上它可以从任何正数开始。

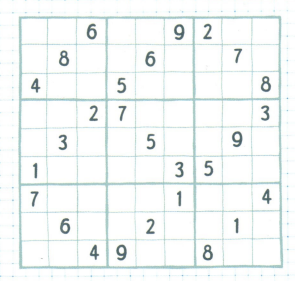

试试看！
设计你自己的数独。

你知道吗？

给定任何一个幻方，对它进行旋转或反射产生另一个幻方。如果把这些都看成同一种基本型，那么我们知道3×3幻方只有一种基本型，4×4幻方则有880种基本型。随着幻方数值的增加，基本型的数量也急剧增加，比如5×5的幻方，有多达1300万种基本型！

同时出现的 X 和 Y

联立方程也被称为方程组，包含两个或多个未知数，这些未知数在每个方程中取相同的值，看起来有点复杂，但它们相当有用哟。所以不要着急，更不必用异样的眼光去看那些没见过的 Y。

让我们来试试看！

你曾两次同朋友们一起去过一家咖啡馆，你知道每次的账单是多少钱，也知道他们都吃了些什么，但每种商品的价格是多少呢？

当你第一次去那里时，你们共有 6 个人，6 人都点了套餐，还有 5 人喝了咖啡，账单是 37.50 元。第二次去时有 4 个人，你们都点了套餐，这次只有 2 人喝了咖啡，账单是 23 元。那么套餐和咖啡的价格各是多少呢？

想知道套餐和咖啡的价格吗？我们设套餐价格为 x，咖啡价格为 y，可以列出以下两个方程：

$$6x + 5y = 37.5$$
$$4x + 2y = 23$$

由于方程组中没有哪个未知数可以相互抵消（即一个方程中出现"$+x$"，另一个方程中出现"$-x$"），我们要做的第一件事就是让两个方程中的某个未知数具有相同的系数值。所以进行如下操作：

将第一个方程两边同乘以 2，我们就得到：

$$12x + 10y = 75$$

将第二个方程两边同乘以 5，我们就得到：

$$20x + 10y = 115$$

别光盯着 X 看！

答案

先求 x 的值，用第二个方程减去第一个方程来消去 y：

$(20x - 12x) + (10y - 10y) = 115 - 75$

$8x = 40$

$x = 5$

现在把 x 的值代回第一个方程，重新整理，就可以得到 y 的值（你还可以通过将答案代入方程，看看两边是否相等来验证你的答案）：

$6 \times (5) + 5y = 37.5$

$30 + 5y = 37.5$

$5y = 37.5 - 30$

$5y = 7.5$

$y = 7.5 \div 5 = 1.5$

所以套餐的价格是 5 元，而咖啡的价格是 1.5 元。

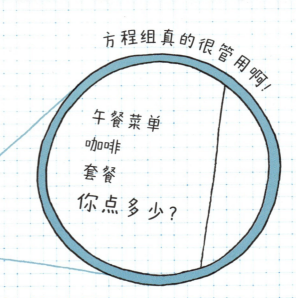

方程组真的很管用啊！

午餐菜单
咖啡
套餐
你点多少？

数学告诉我们

解方程给时需要先观察：首先要确定先消去哪个未知数，即让它从方程中消失。

这时你要使用最小公倍数（见第 90—91 页）乘以两个方程的方法，让两个方程中某个未知数具有相同的系数，然后用两个方程进行加减，消去这个未知数，剩下的工作就不难了。你重新整理，就可以得到想要的答案。

镜像对称

在日常生活中，我们经常可以看到对称现象。

即使是我们在孩童时期的艺术作品也有不少完美的例子——还记得你小时候做的那些蝴蝶画吗？你在纸上画出半边蝴蝶，然后将它对折，这样颜料就会转印出蝴蝶的另一半。我猜想你当时并没有意识到这也是数学。

你知道吗？

希腊神话中的美少年纳西索斯是一位猎人，他以其英俊和傲慢而闻名。复仇女神（你可能会猜到一定没好事）引诱纳西索斯来到池塘边，让他看到他自己在水中的倒影并爱上了它。纳西索斯因无法摆脱对自己俊美倒影的执念而死去，"纳西索斯"这个词现在常被用来描述那些自恋狂。

对称无处不在！

答案

那么圆的对称轴呢？

通过圆心以任何角度画的直线都是圆的对称轴，所以一个圆有无数条对称轴。

让我们来试试看！

当你折叠纸片画蝴蝶时，就是在构造轴对称图形，它有一条对称轴。但其他的形状呢？比如一个圆有多少条对称轴？

一个图形如果是轴对称的，那么你把它沿对称轴对折时，折叠的部分必须和另一半完美地重合。但不同的图形其对称轴的数量是不同的。

矩形有 2 条对称轴

正方形有 4 条对称轴：

等边三角形（所有边长度相同）有 3 条对称轴：

你可能猜到了，其他正多边形（内角相等，各边相等的多边形）具有与其边数一样多的对称轴（试试看，这是真的）。

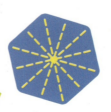

数学告诉我们

在数学中，图形的运动方式被称为变换。有 3 个主要的变换：

● **反射变换：** 本节中的例子就是反射变换，原图形的每个点与其对称点的连线都被对称轴垂直平分，反射图形的大小与原始图形相同。

● **旋转变换：** 图形绕一个点（中心点），以某个角度进行顺时针或者逆时针的转动就是旋转。如果旋转的角度恰好是180°，这时旋转图形和原图形就被称为中心对称。在中心对称中，原图形中的每个点与其对称点到中心点的距离相同，但方向相反。

● **平移变换：** 一个形状或物体的每个点在同一方向上移动相同的距离。

第 32-33 页 解方程

x = 10, x = 8, x = 6, x = 4, x = 7

第 34-35 页 他跑得有多快

每小时 37.58 千米

第 74-75 页 乘法小窍门

1. 36   6. 144
2. 88   7. 54
3. 24   8. 132
4. 84   9. 48
5. 70   10. 162

第 82-83 页 奇怪的罗马数字

这个词是"FIVE"。

去掉 F 和 E, 就得到 IV (罗马数字中的 4)。去掉"I",
只剩下"V"(罗马数字中的 5)。

第 90-91 页 因数分解

字母 m。

第 100-101 页 神奇的幻方

17	24	1	8	15
23	5	7	14	16
4	6	13	20	22
10	12	19	21	3
11	18	25	2	9

这个 5×5 幻方中, 每行、每列和每条对角线
加起来都为 65。

答 案

译名表

AdrienMarie Legendre　阿德利昂·玛利·埃·勒让德

Alan Turing　艾伦·图灵

Albert Einstein　阿尔伯特·爱因斯坦

Albert Girard　阿尔伯特·吉拉德

Alfred Bray Kempe　阿尔弗雷德·布雷·肯普

Aloysius Lilius　阿洛伊修斯·里利乌斯

Almagest　《天文学大成》

Andrew John Wiles　安德鲁·约翰·怀尔斯

Archimedes　阿基米德

Arthur Scherbius　亚瑟·谢尔比乌斯

Carl Friedrich Gauss　卡尔·弗里德里希·高斯

Charles Babbage　查尔斯·巴贝奇

Charles Hutton　查尔斯·赫顿

Daniel Gabriel Fahrenheit　丹尼尔·加布里埃尔·华伦海特

Elements　《几何原本》

Eléments de Géométrie　《几何学原理》

Eratosthenes　埃拉托色尼

Euclid　欧几里得

Fibonacci　斐波那契

Francis Guthrie　弗朗西斯·古德里

François Viète　弗朗索瓦·韦达

Galileo　伽利略

Gerbert　热尔贝

Gherard of Cremona　克雷莫纳的杰拉德

Giel Vander Hoecke　吉尔·范德·赫克

Grigori Perelman　格里戈里·佩雷尔曼

Hans Rosling　汉斯·罗斯林

Heinrich Heesch　海因里希·希许

Henri Poincaré　亨利·庞加莱

Hipparchus　喜帕恰斯

Homo erectus　直立人

Isaac Newton　艾萨克·牛顿

J.H.Rahn　J．H．雷恩

Johannes Kepler　约翰尼斯·开普勒

Julius Caesar　儒略·凯撒

Kaprekar　卡普雷卡

Kenneth Appel　肯尼斯·阿佩尔

Lychrel Number　利克瑞尔数

Leonard Euler　莱昂纳多·欧拉

Leonardo da Vinci　列奥纳多·达·芬奇

Leonardo Pisano Bigollo　莱昂纳多·皮萨诺·比戈洛

Luca Pacioli　卢卡·帕乔利

mean　均值

median　中位数

mode　众数

Martin Luther　马丁·路德

Narcissus　纳西索斯

Phidias　菲迪亚斯

Pythagoras　毕达哥拉斯

range　极差

Robert Recorde　罗伯特·雷科德

Roy Cleveland Sullivan　罗伊·克利夫兰·沙利文

standard deviation　标准差

Sator Square　萨托尔魔方阵

Simon de la Loubère　西蒙·德·拉·劳伯尔

Summa de arithmetica, geometria, proportioni et proportionalita　《数学大全》

Thales　泰勒斯

The Whetstone of Witte　《砺智石》

Thomas Austin　托马斯·奥斯汀

Usain Bolt　尤塞恩·博尔特

William Jones　威廉·琼斯

Wolfgang Haken　沃尔夫冈·哈肯

Zerah Colburn　泽拉·科尔本

图书在版编目（CIP）数据

你好，数学 / (英) 特蕾西·杨 (Tracie Young) 著；
杨大地译. -- 重庆：重庆大学出版社，2024.8
书名原文：COOL MATHS
ISBN 978-7-5689-4498-4

Ⅰ.①你… Ⅱ.①特…②杨… Ⅲ.①数学—少儿读
物 Ⅳ.①O1-49
中国国家版本馆 CIP 数据核字 (2024) 第 095417 号

你好，数学
NIHAO, SHUXUE

[英] 特蕾西·杨 ｜ 著　　杨大地 ｜ 译

策划编辑：王思楠　　　　责任印制：张　策
责任编辑：陈　力　　　　装帧设计：马天玲
责任校对：王　倩

重庆大学出版社出版发行
出 版 人：陈晓阳
社　　址：（401331）重庆市沙坪坝区大学城西路 21 号
网　　址：http://www.cqup.com.cn
印　　刷：重庆升光电力印务有限公司
开　　本：787 mm×1092 mm　1/16　印张：7.25　字数：114 千
2024 年 8 月第 1 版　　2024 年 8 月第 1 次印刷
ISBN 978-7-5689-4498-4　　　　定价：48.00 元